MOSAIK der automatisierung

Dietrich Homburg (Herausgeber),

Andreas Zeiff

Kleinst- und Mikroantriebe

Technik und Anwendung

PKS, Presse Kontakte Stutensee Waltraud Homburg
Verlag und Presseagentur

Die Autoren

Dietrich Homburg (Herausgeber)
Andreas Zeiff

Redaktionsbüro Stutensee
Dietrich und Alexander Homburg GbR
Am Hasenbiel 13-15
D-76297 Stutensee
www.rbsonline.de

Reiner Bessey (Kapitel 6)
Matthias Graab (Kapitel 1 und 2)
Jens Haug (Kapitel 2)
Roland Keller (Kapitel 3)
Markus Lamparter (Kapitel 8)
Matthias Nienhaus (Kapitel 7)
Andreas Seegen (Kapitel 8)
Herbert Wallner (Kapitel 4 und 5)

Dr. Fritz Faulhaber GmbH & Co. KG
Postfach 1146, D-71094 Schönaich
www.faulhaber-group.com, info@faulhaber.de

ISBN 978-3-936200-11-9
Mosaik der Automatisierung - Band 2
Kleinst- und Mikroantriebe (Technik und Anwendung)
Layout und Satz: Nora Crocoll
Grafikbearbeitung: Niki Hüttner
Umschlag: Werbeagentur Regelmann GmbH&Co.
Druck: Books on Demand GmbH
© PKS, Presse Kontakte Stutensee Waltraud Homburg
Verlag und Presseagentur, 2007

Die Rechte für Grafiken und Fotos liegen, soweit nicht anders gekennzeichnet, bei Dr. Fritz Faulhaber GmbH & Co. KG, Schönaich.

Inhaltsverzeichnis

1 Antriebssysteme kleiner Leistung	9
1.1 Grundprinzip elektromagnetischer Antriebe	10
1.2 Konstruktion	13
1.3 Betriebsverhalten	15
1.4 Dimensionierung von Antrieben	17
1.5 Dimensionierung von Kleinstmotoren	18
2 Antriebstechnologien	21
2.1 Mechanisch kommutierter Gleichstrommotor	21
2.2 Elektronisch kommutierter Gleichstrommotor	26
2.3 Schrittmotor	27
2.4 Nichtelektromagnetische Antriebe	30
3 Bauweise von Kleinst- und Mikromotoren	37
3.1 Kommutator-Gleichstrom-Motoren	38
3.2 Elektronisch kommutierte Motoren	47
3.3 Sonderbauformen	52
4 Rotorlagen-Erfassung für die Motorregelung	55
4.1 Hallsensoren	55
4.2 Inkrementale und absolute Drehgeber	57
4.3 Absolutwertgeber	60
4.4 Tachogeneratoren	61
4.5 Sensorlose Erfassung	62
5 Ansteuerung von Motoren	69
5.1 Grundschaltungen zur Ansteuerung von DC- und EC-Motoren	70
5.2 Prinzipien der Antriebsregelung	72
5.3 Motorregelung in der Praxis	74

Inhaltsverzeichnis

6 Getriebe	**85**
6.1 Allgemeine Grundlagen	85
6.2 Stirnradgetriebe	86
6.3 Planetengetriebe	87
6.4 Andere Getriebeausführungen	91
7 Konstruktion und Fertigung von Mikroantrieben	**97**
7.1 Monolithisch oder hybrid?	99
7.2 Kernstrategie – Komplexitätsreduktion	100
7.3 Kernstrategie – Komplexitätsverlagerung	104
7.4 Integration durch Mikromontage	111
8 Anwendungsbeispiele	**117**
8.1 Ultraschallkatheter	117
8.2 Kleinstantrieb mit großer Leistung	118
8.3 Blutzuckermessgerät	120
8.4 Scharfer Durchblick	121
8.5 Präzise positioniert	123
8.6 Mikrostellantriebe	125
8.7 Mikromotoren bringen Leiterplattenbestückung in Schwung	127
9 Stichwortverzeichnis	**131**

Vorwort

Seit Jahren wächst laut ZVEI-Statistik der Produktionswert elektrischer Kleinmotoren bedingt durch die steigende Produktionsmenge und übertrifft schon seit langem erheblich die Produktionswerte aller anderen Sparten der elektrischen Antriebstechnik einschließlich der gesamten Antriebselektronik. Den daran entscheidenden Anteil haben permanentmagneterregte Motoren, Gleichstrommotoren mit mechanischem Kommutator (PM-, DC-Motoren) und vor allem bürstenlose Gleichstrommotoren (Elektronik-, BLDC-, EC-Motoren). Dafür gibt es mehrere Gründe:

- Mit zunehmender Automatisierung und steigendem Komfort von Geräten sind mehr und mehr gesteuerte bzw. geregelte Antriebe erforderlich. Während PM-Motoren besonders kostengünstige Lösungen darstellen, bieten EC-Motoren besonders komfortable Lösungen bei vergleichbar günstigen Kosten gegenüber Asynchronmotoren mit Frequenzumrichter
- Der Wirkungsgrad von permanentmagneterregten Motoren ist höher als der von Motoren mit Wicklungen in Ständer und Läufer. Das ist insbesondere wichtig bei Batterie- und Akku-Betrieb sowie in den Fällen, in denen eine möglichst geringe Wärmeerzeugung gefordert wird. Die Leistung einer Steuerelektronik kann zudem geringer sein.
- Mit zunehmender Miniaturisierung von Motoren nimmt der Wirkungsgrad ab. Daher kommen als Mini- und Mikromotoren insbesondere permanentmagneterregte Motoren in Frage.
- Permanentmagnete bieten mehr konstruktive Möglichkeiten für Motoren als wenn ausschließlich Wicklungen verwendet werden. Die Faulhaber-Motoren, seien es PM- oder EC-Motoren, sind mit ihrem besonderen Aufbau ausgezeichnete Beispiele. Damit werden besondere Eigenschaften erzielt, die einerseits in vielen Anwendungsbereichen genutzt werden können, die andererseits neue Einsatzgebiete aber auch erst erschlossen haben.

Vorwort

Bei der Weiterentwicklung der Kleinst- und Mikroantriebe werden oft bereits lange bekannte Ideen und Technologien interessant, welche zwischenzeitlich im klassischen Elektromaschinenbau nicht eingesetzt wurden. Die heute weltbekannte Faulhaber-Wicklung ist eines von vielen Beispielen dafür, dass Erfindungen im Großmaschinenbau, die schon im 19. Jahrhundert gemacht wurden, sich dort aber nicht bewährten, später im Kleinmaschinenbau wieder aufgegriffen wurden. Jetzt werden ihre vorteilhaften Eigenschaften genutzt, wohingegen ihre negativen Eigenschaften unbedeutend sind. Für die erste Kamera mit Schnellaufzug wurde seinerzeit ein hochdynamischer Motor zum Filmtransport gesucht, um eine möglichst kurze Verzögerungszeit zwischen zwei Aufnahmen zu erreichen. Fritz Faulhaber schlug dafür 1957 einen Läufer mit selbsttragender Wicklung vor, die nicht aus axial, sondern aus schräg verlaufenden Leitern bestand. Diese Idee, die W. Frische schon 1887 hatte, konnte sich für die damaligen großen Motoren wegen ihrer mechanischen Instabilität bei höheren Drehzahlen nicht durchsetzen. Für Läufer mit kleinen Durchmessern ist diese Wickelart aber stabil genug und durch die besondere Anordnung der Leiter mechanisch fester und insbesondere auch kompakter als eine Wicklung mit axial verlaufenden Leitern und ausladenden Wickelköpfen. Dieses Buch widmet sich in erster Linie Faulhaber-Motoren:

- PM- und EC-Motoren mit Glockenwicklung,
- Kleinstmotoren mit Scheibenläufern,
- Mikromotoren mit Walzen- und Scheibenläufern und
- hochwertige Permanentmagnet-Schrittmotoren.

Nach einer Einführung in das Funktionsprinzip elektromagnetischer Motoren werden die Antriebstechnologien von Kleinst- und Minimotoren, d.h. – nach der hier definierten Grenze – von Motoren um 100 W und darunter, beschrieben. Von diesen rein feinwerktechnisch gefertigten Motoren unterscheiden sich die ebenfalls behandelten Mikromotoren dadurch, dass sie Abmessungen im Mikrometerbereich aufweisen oder/und mit mikrotechnologischen Verfahren hergestellt werden. Ihre Aufnahmeleistung liegt unter 1 W.

Auf unkonventionelle Energiewandlungsverfahren wie die Elektrostatik und die Piezoelektrik, die auch für Kleinst- und Mikroantriebe in Frage kommen, wird kurz eingegangen.

Da die besonderen Eigenschaften der Faulhaber-Motoren bei der Auswahl der Rotorlage-Geber und der Steuer- und Regelelektroni-

Vorwort

ken berücksichtigt werden müssen, werden ausführlich entsprechende Hinweise gegeben. Kleinmotoren erzielen eine hohe Leistung häufig mit Hilfe einer hohen Drehzahl. Ist sie für den Anwendungsfall zu hoch, ist ein Getriebe erforderlich. Daher werden im abschließenden Kapitel die für Kleinantriebe in Frage kommenden Getriebe beschrieben.

Es ist begrüßenswert, dass sich Mitarbeiter der Firma Faulhaber zur Abfassung eines Fachbuches für Anwender ihrer Antriebe zusammengefunden haben, um die Besonderheiten dieser Antriebe und die sich daraus ergebenden Anwendungsmöglichkeiten kompetent und für den Gerätehersteller möglichst verständlich darzustellen. Ich wünsche daher den Autoren, dass die Mühe und Sorgfalt, die sie sich bei der Erstellung des Buches gegeben haben, die entsprechende Anerkennung finden.

Hans-Dieter Stölting, Leibniz Universität Hannover

Vorwort

Danke für die gute Zusammenarbeit

Neben den namentlich genannten Helfern haben viele im Hintergrund mitgearbeitet und die Entstehung dieses Buches zum Beispiel mit Informationen, Bildern und anderen Hilfestellungen unterstützt. Auch ihnen sei an dieser Stelle gedankt.

Dietrich Homburg und
Andreas Zeiff

Stutensee, im Dezember 2007

1 Antriebssysteme kleiner Leistung

Die Aufgabe elektrischer Kleinstmaschinen ist es, einen bestimmten Bewegungsablauf sicher zu stellen. Kleinstmaschinen bilden hierbei den Schnittpunkt zwischen elektrischer Versorgung, Ansteuerung und mechanischer Arbeitsmaschine (Bild 1). Infolgedessen ist es nicht verwunderlich, dass sich hierbei über Jahrzehnte hinweg viele Motorvarianten herausgebildet haben. Es liegt in der Verantwortung des Anwenders, eine für seine Zwecke ausreichende Antriebstechnologie zu wählen. Hierzu benötigt er ein Grundlagenwissen, welches ihm erleichtert, systematisch Antriebsaufgaben zu lösen.

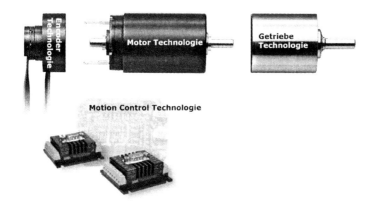

Bild 1: Antriebssysteme

Prinzipiell können für Antriebe kleiner Leistung unterschiedliche Antriebsquellen eingesetzt werden. Möglich sind dabei rein mechanische Lösungen wie so genannte Feder(speicher)motoren, aber auch piezoelektrische und elektrostatische Antriebe sind heute zunehmend im Einsatz. Wohl mehr als 99 % aller heute realisierten Kleinstantriebe nutzen jedoch die elektromagnetische Energieumwandlung.

Aus vielen Einzelanwendungen haben sich eine Reihe verschiedener Motorausführungen am Markt etabliert. Hierunter fallen z.B. Spaltpolmotoren, Flachläufer, Kommutatormotoren, Linearmotoren und EC-Motoren.

Welche davon die optimale Lösung für die jeweilige Antriebsaufgabe ist, lässt sich mit Hilfe der technischen Betriebsbedingungen ermitteln. Der Antriebshersteller wird auf der Grundlage der

Antriebssysteme kleiner Leistung

Betriebsbedingungen das geeignete Motorfunktionsprinzip in einer idealen Ausführung wählen.

1.1 Grundprinzip elektromagnetischer Antriebe

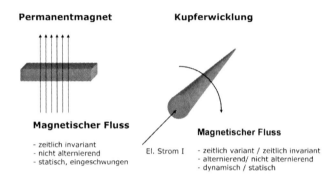

Bild 2: Grundelemente elektrischer Motoren

Elektrische Maschinen werden dort eingesetzt, wo Drehmomente und Kräfte bei bestimmten Drehzahlen oder Geschwindigkeiten benötigt werden. Man kann sich vereinfachte Maschinenkomponenten vorstellen, welche für die Drehmomentbildung verantwortlich sind. Mit solchen einfachen Ersatzkomponenten lassen sich weiterführende Kenntnisse leicht vermitteln. Bild 2 zeigt schematisch die Grundelemente von elektrischen Maschinen. Im Folgenden wird die Betrachtungsweise auf den Motorbetrieb eingeschränkt, und demzufolge nur noch von Elektromotoren gesprochen.

Diese Grundelemente werden, wie in Bild 3 dargestellt, kombiniert, um die Krafterzeugung zu ermöglichen. Die Krafterzeugung erfolgt nach den Gesetzen der Lorenzkraft. Mit der

Bild 3: Kraftbildung in elektrischen Motoren

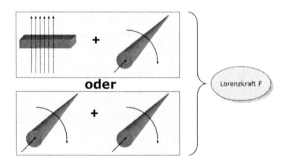

Dreifinger-Regel der rechten Hand lassen sich die Verhältnisse einfach erkennen. In Bild 4 zeigt der Daumen in die Stromflussrichtung, der Zeigefinger in die Richtung des Magnetfeldes. Der abgewinkelte Mittelfinger zeigt nun in die Richtung der sich entwickelnden Kraft.

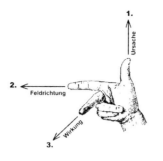

Bild 4:
Lorenzkraft

Grundprinzipien elektrischer Motoren

Jeder Elektromotor besteht aus einem fest stehenden und einem bewegten Teil. Bei rotierenden Elektromotoren spricht man von Stator und Rotor. In einem der beiden Teile wird ein magnetisches Feld erzeugt. Im anderen Teil fließen elektrische Ströme. Aus dem Zusammenspiel entsteht ein Drehmoment. Je nachdem, ob es sich um die Kombination von Gleich- oder Wechselströmen mit Gleich- oder Wechselfeld handelt, unterscheidet man DC-, Synchron- und Asynchronmotoren.

Diese drei Motortypen teilen sich weiter auf in eine große Anzahl von Kleinmaschinentypen. In Bild 5 ist ein Schema dargestellt, welches die Unterteilung in die verschiedenen Maschinentypen beschreibt.

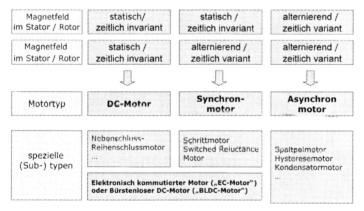

Bild 5:
Grundprinzip elektrischer Motoren

Die optimale Lösung für die Anforderungen eines Kunden ergeben sich aus Funktionsprinzip und Motorausführung, so wie in Bild 6 gruppiert. Alle hier ausgewiesenen Technologien sind als Produktlösung der Faulhaber Gruppe verfügbar.

Antriebssysteme kleiner Leistung

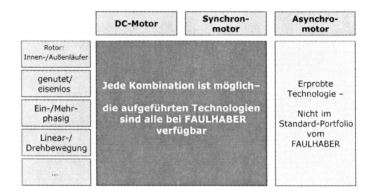

Bild 6:
Funktionsprinzip und Motorausführung

Aus der großen Anzahl von Motortypen der Faulhaber Gruppe sind die eisenlosen DC-Motoren mit die bekanntesten. Bei diesen Motoren sind die Wicklungen selbsttragend in einem minimalen Luftspalt angeordnet. Diese Wicklungstechnik ist als Glockenanker oder Flachläufer etabliert (Bild 7).

Bild 7:
Eisenlose DC-Mikromotor-Technologie

Vorteile von eisenlosen DC-Kleinstmotoren

Aufgrund des symmetrischen Luftspaltes kann sich kein Rastmoment oder eine bevorzugte Rotorposition ausbilden. Die Wirbelstrom- und Eisenverluste sind gering, da es keine Ummagnetisierung (oder Spannungsinduktion) im Eisenrückschluss gibt. Die geringe

Rotorträgheit ermöglicht bei kleinen Anlaufspannungen und geringer Stromaufnahme hohe Beschleunigungen.

Die kompakte Bauweise gestattet eine höhere Leistungsdichte als bei konventionellen DC-Motoren (Näheres zum Aufbau und den Vor- und Nachteilen der beiden Bauweisen siehe Kapitel 3).

Tabelle 1: Grundlegende Unterschiede

Rotor mit Eisenkern

- Wicklung auf einem geblechten Eisenkern
- Hohe Rotorträgheit
- Permeables Elektroblech im Rotor verursacht eine bevorzugte Rotorposition
- Ein kleiner Rotor dreht innerhalb der Magnethalbschalen

Eisenloser Rotor

- Selbsttragende Wicklung rotiert um einen ruhenden Magneten
- Sehr geringe Rotorträgheit
- Lineare Motorverhältnisse, kein Rastmoment
- Fast der gesamte Motordurchmesser kann für die Wicklung genutzt werden

1.2 Konstruktion

Mit dem Begriff Konstruktion bezeichnet man den Prozess, der mit der Erstellung eines Pflichtenhefts auf Basis eines Lastenhefts beginnt und mit der Herstellung des Motors endet.

Das Lastenheft (auch Anforderungsspezifikation oder Requirement Specification) beschreibt die unmittelbaren Anforderungen, Erwartungen und Wünsche an ein geplantes Produkt. Das Pflichtenheft beschreibt, was und womit etwas realisiert werden soll. Das Pflichtenheft enthält somit die vom Auftragnehmer erarbeiteten Realisierungsvorgaben aufgrund der Umsetzung des vom Auftraggeber vorgegebenen Lastenhefts. Dabei können gewöhnlich jeder Anforderung des Lastenhefts eine oder mehrere Leistungen des Pflichtenhefts zugeordnet werden.

Antriebssysteme kleiner Leistung

Das Ziel des Konstruktionsprozesses ist, „die Passfähigkeit" des Produkts, d.h. die Übereinstimmung mit dem Lastenheft herzustellen. Die Passfähigkeit des Elektromotors umfasst vier Gesichtspunkte, denen mehrere Teilaspekte zugeordnet sind (Tabelle 2).

Tabelle 2: Aspekte der Passfähigkeit

Gesichtspunkte der Passfähigkeit	Teilaspekte
Passfähigkeit zum Arbeitsmechanismus	Bauart, Bauform, Betriebsart, Leistung, Umdrehungsfrequenz, Drehmoment, Hochlauf, Bremsen & Reservieren, Drehzahlen, ...
Passfähigkeit zu den Netzgegebenheiten	Spannung, Stromart, Kurzschlussleistung, ...
Passfähigkeit zur Umwelt	Schutzgrad, Kühlungsart, Umgebungsbedingungen, Geräuschentwicklung, ...
Passfähigkeit zu ökonomischen Gesichtspunkten	Herstellungskosten, Vertriebskosten, Betriebskosten, Wartungskosten, ...

Die Konstruktion von Kleinst- und Mikromotoren mit Permanentmagneterregung unterscheidet sich nicht wesentlich von der Konstruktion von „großen" Elektromotoren. Es gibt aktive Teile, das heißt Teile, die den elektrischen Strom oder das magnetische Feld leiten und passive Teile. Letztere sind Konstruktionsteile, welche weder den Strom, noch den magnetischen Fluss leiten. Aktive Teile werden im Rahmen der elektromagnetischen Auslegung definiert. Die dabei getroffenen Festlegungen bestimmen im Wesentlichen das Verhalten des Motors im Arbeitspunkt. Passive Teile werden im Rahmen der maschinenbautechnischen Auslegung definiert. Diese entscheidet im Wesentlichen über die Passfähigkeit des Motors zur Umwelt.

Die Definition von aktiven und passiven Teilen eines Motors ist nicht unabhängig voneinander möglich, deshalb sind im Rahmen des Konstruktionsprozesses Entwicklungsschleifen üblich und wegen der Herstellung der Passfähigkeit zu ökonomischen Gesichtspunkten häufig notwendig.

Zu der magnetischen Auslegung des Motors gehört die Dimensionierung des magnetischen Kreises. Dies ist die Festlegung der geometrischen Abmessungen von Magnet, innerem und äußerem Rückschluss (auch als inneres und äußeres Joch bezeichnet). Ziel dieser Dimensionierung ist es, die eingesetzte Magnetmasse auf das Luftspaltvolumen und die Erfordernisse (gegeben durch die Angaben im Lastenheft) abzustimmen, z.B. auf die gewünschte Leistungsfähigkeit.

Bei gegebener Windungszahl führt einer Erhöhung der Flussdichte im Spalt zu einer proportional höheren Drehmomentkonstante und damit zu einer quadratisch höheren Leistungsfähigkeit. Je größer das Verhältnis von Magnet- zu Luftspaltvolumen ist, umso größer wird bei gegebener Luftspaltweite die Flussdichte im Spalt. Bei gegebenem Bauraum für den Magneten und den inneren bzw. äußeren Rückschluss hängt die Flussdichte im Spalt vom eingesetzten Magnetwerkstoff und vom eingesetzten Rückschlussmaterial ab.

Aus diesen beiden Sachverhalten folgt, dass die magnetischen Eigenschaften beider Materialien im Rahmen der Dimensionierung des magnetischen Kreises bekannt sein müssen. Man findet sie in den Datenblättern der Magnethersteller bzw. in den Datenblättern der Hersteller von Elektroblech. Die Berechnung des permanentmagnetisch erregten magnetischen Kreises mittels analytischer Methoden kann der Literatur entnommen werden (siehe Schergerade bzw. Scherung in [Rolf Fischer; Elektrische Maschinen] [Hütte; Die Grundlagen der Ingenieurwissenschaften]). Für die numerische Auslegung des magnetischen Kreises benötigt man ein Feldberechnungsprogramm, z.B. FLUX 3D / Cedrat.

1.3 Betriebsverhalten

Im Rahmen der Dimensionierung von Antrieben ist es notwendig, die Reaktion des Motors auf die Belastung durch die Arbeitsmaschine zu berechnen. Nur ein sorgfältig ausgewählter und auf die Anforderungen in der Anwendung/Applikation angepasster Motor gewährleistet eine hohe Lebensdauer. Für die notwendigen Berechnungen werden die Motorgleichungen herangezogen. Diese sind die Ankerspannungsgleichung, die Gleichung zur Berechnung der inneren Spannung und die Drehmomentengleichung. Je näher das dem Motor abverlangte Drehmoment an dem zulässigen Dauerdrehmoment liegt, desto wichtiger wird eine zusätzliche thermische

Betrachtung. Diese sollte auch dann durchgeführt werden, wenn die Einbausituation des Motors zu einer schlechten Kühlung führt. Das in den Datenblättern angegebene Dauerdrehmoment ist keineswegs eine Konstante, sondern drehzahl- und temperaturabhängig.

Bedeutung der thermischen Beanspruchung für die Lebensdauer

Der Elektromotor wandelt die aufgenommene elektrische Leistung (gegeben durch Strom und Spannung) um in mechanische Leistung (gegeben durch Drehmoment und Winkelgeschwindigkeit). Diese Wandlung ist nicht verlustfrei. Die Verluste entstehen z.B. in der Wicklung, in den Lagern und in allen magnetisch und elektrisch leitfähigen Bauteilen des Motors in denen ein zeitabhängiges Magnetfeld wirkt. Außerdem gibt es Verluste im Kommutator. Alle Verluste stellen eine Wärmemenge dar. Kann diese Wärmemenge nicht zeitgleich mit ihrer Entstehung an das Wärmereservoir der Umgebung abgegeben werden, dann wird sie in der Wärmekapazität des Motors zwischengespeichert. Der Motor erwärmt sich. Ist die entstehende Wärmemenge über einen längeren Zeitraum größer als die Wärmemenge, die der Motor an seine Umgebung abgeben kann, dann kommt es zu einer unzulässigen Temperatur einzelner Motorkomponenten. Wenn die Last rechtzeitig reduziert wird, kann die sofortige thermische Zerstörung der betroffenen Motorkomponenten verhindert werden. Allerdings führt jede vorübergehende Überlastung zu einer zusätzlichen Alterung des Motors. Dadurch kann sich die Lebensdauer drastisch reduzieren.

Aus diesen Gründen kann eine sorgfältige Projektierung eines Antriebs nur dann erfolgen, wenn Angaben zur Versorgungsquelle (Nennspannung, Toleranz der Spannung, Maximalstrom, Innenwiderstand der Quelle), der benötigten Abgabeleistung (Winkelgeschwindigkeit, Drehmoment), der Betriebsart (Zeitverlauf der Last) und den Kühlbedingungen vorliegen.

Zu all diesen Aspekten gibt es Veröffentlichungen. Einen sehr guten Überblick über Elektrische Kleinantriebe findet man in [Stölting, Kallenbach; Handbuch Elektrische Kleinantriebe]. Die Gleichungen zur Berechnung des Betriebsverhaltens von Kleinst- und Mikromotoren können ebenfalls dieser Quelle entnommen werden. Ein kurzer Überblick findet sich in [Glockenankermotoren: Aufbau, Betriebsverhalten, Anwendungen; SV Corporate Media].

Antriebssysteme kleiner Leistung

1.4 Dimensionierung von Antrieben

Innerhalb einer festgelegten Lebensdauer soll der gesamte Antrieb die benötigten Bewegungsabläufe – unter den Umgebungsbedingungen – erzeugen. Es gilt eine Dimensionierung des Kleinstmotors durchzuführen, bei welcher der Lebensdauerschwund unter den Belastungen über die geforderte Lebensdauer hinausreicht.

Die Vielseitigkeit der Anwendungsmöglichkeiten von Kleinstmotoren erfordert ein strukturiertes Vorgehen, dies auch weil die Einflussgrößen vielschichtig sind. Der untere Strukturbaum zeigt eine Unterteilung der Arbeitspakete, wie sie sich in der Antriebstechnik herausgebildet haben.

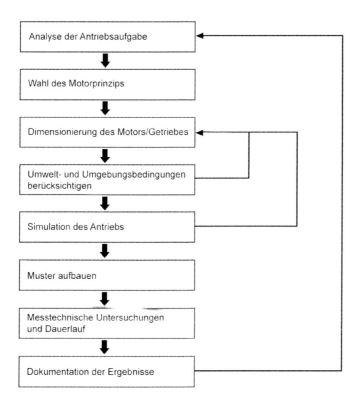

Bild 8:
Strukturiertes Vorgehen zur Dimensionierung eines Kleinstmotors

Während der Analyse der Antriebsaufgabe müssen die Anforderungen an den Antrieb in einem Lastenheft veranschaulicht werden.

Antriebssysteme kleiner Leistung

Die Arbeitsbedingungen des Antriebes - in dessen direkter Umgebung - werden in den technischen Umgebungsbedingungen berücksichtigt. Selbstverständlich haben die Umgebungsbedingungen einen Einfluss auf die Funktion und auf die Lebensdauer eines Gerätes und müssen bei der Dimensionierung berücksichtigt werden.

Bei der Auslegung eines Antriebs stehen heute zahlreiche Simulationswerkzeuge zur Verfügung. Stand der Technik ist es, elektromechanische Systemsimulationen unter Berücksichtigung elektrischer, magnetischer und mechanischer Einflussgrößen vorzunehmen.

Es lassen sich jedoch nicht alle Größen berechnen oder simulieren. Größen wie die Lebensdauerbestimmung oder Leistungs-, Klima- und Rütteltests etc. können nur mit realen Bauteilen durchgeführt werden, hierzu sind Muster notwendig. Durch den Einsatz von generativen Fertigungsverfahren lassen sich Muster realitäts- und zeitnah herstellen, welche dann an den z.B. spezifizierten Lastpunkten betrieben werden können.

1.5 Dimensionierung von Kleinstmotoren

Die Werkstoffalterung in elektrischen Maschinen ist mit der Erwärmung und somit mit den Maschinenverlusten und der Umgebungstemperatur verknüpft. Demnach kann ein Motor mit geringer Erwärmung eine hohe Lebensdauer erzielen. Dies kann man auf zwei Wegen erreichen: großzügige Auslegung oder gute Wärmeabfuhr (Kühlung). Der Strukturbaum auf der folgenden Seite zeigt den allgemein gültigen Lösungsansatz zur Dimensionierung.

Der zeitliche Verlauf des Lastmomentes wird aus mehreren Lastpunkten (Drehmoment und Drehzahl) abgeleitet, um einen charakteristischen Verlauf abzubilden. Erfahrungswerte spielen hierbei ebenso eine große Rolle, wie ein fachkundiges Gespür für eine notwendige Leistungsreserve.

Eine erste Motorauswahl erfolgt so, dass M_{max} und n_{max} für den Zeitraum des jeweiligen Belastungsabschnittes vom Motor abgedeckt werden können, ohne diesen unsachgemäß zu überlasten. Bricht der gewählte Motor unter dem Moment M_{max} in der Drehzahl zu stark ein, so sollte ein Motor mit härterer Drehzahl/Drehmoment-Kennlinie gewählt werden.

Der benötigte Motor soll ggf. dauerhaft ein bestimmtes Drehmoment abgeben können. Hierzu muss das Dauerdrehmoment des

Motors größer - oder zumindest gleich - dem geforderten Effektivwert des Lastmomentes sein.

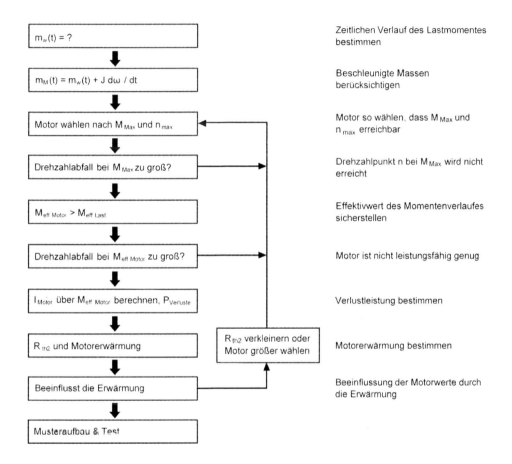

Bild 9:
Allgemein gültiger Lösungsansatz zur Dimensionierung von Kleinstmotoren

Über das Lastspiel hinweg stellen sich drehzahl- und drehmomentabhängige Verluste ein, welche als Gesamtverluste zu summieren sind. Bei Verwendung von Getrieben ist zu prüfen, ob auch Getriebeverluste als Wärme in den Motor fließen können und so die Motortemperatur zusätzlich erhöhen.

Die Wärmeabgabe an die Umgebung muss gewährleistet sein, damit ein Überhitzen verhindert wird. Hierzu lassen sich über einfache Erwärmungsmodelle die Temperaturverläufe bestimmen. Erfahrungswerte über Temperaturreserven finden auch hier Einfluss in

Antriebssysteme kleiner Leistung

die weiteren Überlegungen. Während des Erwärmungsvorganges verändern die im Motor verwendeten Materialen ihre Eigenschaften. Z.B. Wicklungskupfer, Magnetmaterialien und auch die Lager werden durch eine Erwärmung beeinflusst, dies umso mehr die Temperatur ansteigt. Hieraus resultiert eine Änderung der Motorwerte und kann dazu führen, dass der warme Motor nicht mehr die gewünschten Eigenschaften des kalten Motors besitzt.

Die Hersteller von Kleinmotoren geben oft Diagramme an (Bild 10), mit deren Hilfe der notwendige Strom für ein bestimmtes Drehmoment und die sich einstellende Drehzahl abgelesen werden können.

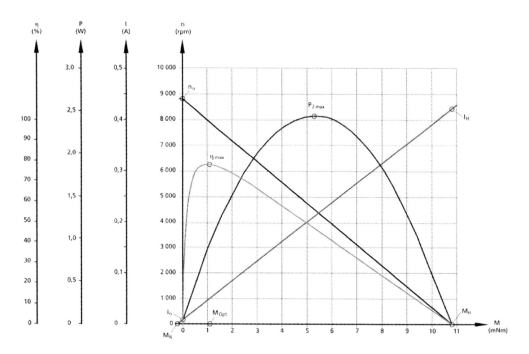

Bild 10: Diagramm Motorkennlinie

2 Antriebstechnologien

Technik lebt von Bewegung; entsprechend vielfältig sind die Methoden, Bewegung zu erzeugen. Dieses Kapitel behandelt elektrische Antriebstechnologien, die im unteren Leistungsbereich Bedeutung haben oder erlangen könnten. Es erhebt darüber hinaus keinen Anspruch auf Vollständigkeit.

2.1 Mechanisch kommutierter Gleichstrommotor

Ein einfaches Motorenkonzept ist der Gleichstrommotor mit mechanischem Kommutator. Je nach Anforderungsprofil können auch sehr kleine Gleichstrommotoren in unterschiedlichen Bauarten realisiert werden. Verbreitet sind Nutenanker-, T-Anker- und Glockenankermotor, auf die in nachfolgenden Kapiteln noch eingegangen wird. Als Anker bezeichnet man bei elektrischen Maschinen stets die Komponente, in welcher durch Bewegung eine Spannung induziert wird. Marktgängige Kommutator-Kleinstmotoren sind durchweg permanenterregt. Der Permanentmagnetmotor ist die einfachste Form des DC-Motors und erfordert einen Rotor mit Kommutatorsystem. Der Permanentmagnet übernimmt die Rolle der Erregung (Bild 1).

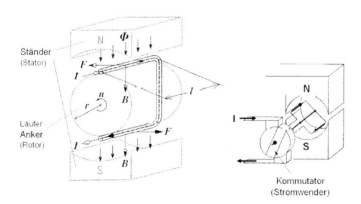

Bild 1:
DC Motor
(Quelle: Stölting)

Die rein mechanische Kommutierung erlaubt den Anlauf bei kleinen Spannungen, sobald das erzeugte Motordrehmoment höher als das Losbrechmoment des Motors ist (Bild 2).

Antriebstechnologien

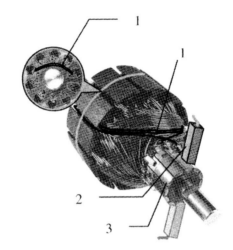

Bild 2:
DC Motor Bürsten & Kom
(Quelle: Stölting)

1 kommutierende Spule
2 Bürste
3 Kommutator

Kommutierung

Die Wicklung des Rotors ist direkt am Kommutator angeschlossen. Auf seinen Lamellen schleifen die Bürstenkontakte. Bürsten und Lamellen sind so angeordnet, dass sie während einer Rotordrehung ständig die Stromrichtung in den Wicklungsteilen wechseln (Bild 3), die unter den Bürsten in der magnetfeldfreien („neutralen") Zone liegen.

Bild 3:
Kommutator & Bürste
(Quelle: Stölting)

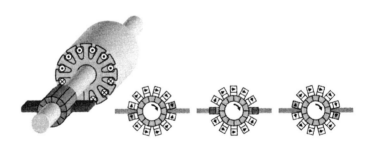

Das Kommutierungssystem (Lamellen und Bürsten) ist aus Materialien gefertigt, die elektrischen Strom gut leiten und sich im Betrieb nur geringfügig mechanisch abreiben. Die Bürsten enthalten Kohlenstoff und Grafit (Bild 4), in anspruchsvollen Ausführungen auch

Kupfer oder Silber zur Verbesserung der Leitfähigkeit und der mechanischen Schmiereigenschaften. Besonders bei Kleinstmotoren hat sich der Einsatz von Edelmetallen als Bürsten- und Kommutatormaterial bewährt (Bild 5).

Bild 4 (links):
Hammerbürsten

Bild 5 (rechts):
Edelmetallbürsten

Langjährige Erfahrungen sind notwendig, um das „Interface" Kommutator-Bürste aufeinander abzustimmen. Es ist nicht nur die Wahl der Materialien, welche über eine ausreichende Lebensdauer entscheidet. Die Schwingungsfähigkeit, Wärmeableitung und selbst der Einfluss der Luftfeuchtigkeit seien hier nur als einige wenige Einflussgrößen von vielen anderen aufgezählt.

Bürstenverschleiß

Aufgrund der kleinen kompakten Bauweise von Kleinstmotoren ist die Anzahl der Kommutator-Lamellen gering. Dies bedeutet, es wird pro Umdrehung der Strom unter einer Bürste z.B. bei einem Kommutator mit 7 Lamellen nur siebenmal gewendet. Während der Kommutierung schließt eine Bürste zwei Lamellen kurz. Hierbei wird der Betriebsstrom in den Teilwicklungen kurzgeschlossen (Bild 6).

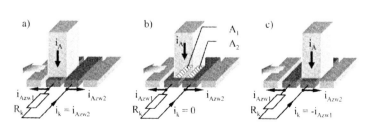

Bild 6:
Kommutierungsverlauf
(Quelle: Oesingmann)

i_{Azw1} Strom in Ankerzweig 1
i_{Azw2} Strom in Ankerzweig 2
R_k Widerstand im Kommutierungskreis
i_k Strom im Kommutierungskreis
i_A Bürstenstrom

Wenn der Spulenstrom beim Öffnen dieses Rotorspulenkurzschlusses noch nicht auf Null abgeklungen ist, kann ein Lichtbogen entstehen, dessen Größe und Dauer direkt die Motorlebensdauer beeinflusst. Im Lichtbogen wird Bürstenmaterial verdampft, man spricht dann vom Bürstenabbrand.

Dieser Bürstenabbrand vermindert die Leitfähigkeit des Interface, beeinträchtigt die Laufruhe der Bürste und kann erhöhten Materialabrieb zur Folge haben. Durch eine geschickte Lamellenformgebung, Sicherstellung der Interface-Schmierung und einer ausreichenden Dimensionierung wird die Leistungsfähigkeit des Motors nur wenig vom Bürstenabbrand beeinträchtigt. Rotorinterne Beschaltungen zur Bedämpfung von Spitzenkurzschlussströmen zwischen den Lamellen haben sich ebenfalls etabliert, um das Interface zu entlasten.

Betriebsbedingte elektromagnetische Störungen

Der Lichtbogen am Interface ist die Hauptursache für hochfrequente Störungen. DC-Motoren speisen diese im Betrieb in das Leitungsnetz zurück oder strahlen sie über die Anschlussdrähte als elektromagnetische Störung ab. Andere elektrische Verbraucher können so nachhaltig gestört werden. Da man den Lichtbogen an den Bürsten beim Übergang von Lamelle zu Lamelle des Kommutators nicht ganz vermeiden kann, ist eine wirksame Funkentstörung nötig, denn hierzu sind Grenzwerte vom Gesetzgeber vorgeschrieben.

Einfachste und wirksame Methode der Entstörung ist der Einsatz von Kondensatoren. Zwei größere Kondensatoren zwischen den Anschlüssen und einen kleineren keramischen Kondensator, der vom Mittelpunkt der beiden Kondensatoren auf Masse des Motorgehäuses führt, sind für viele Anwendungsfälle bereits eine ausreichende Lösung (Bild 7). Für eine bessere Unterdrückung der

Bild 7:
Typische Schaltung zur Funkentstörung
(Quelle: Oesingmann)

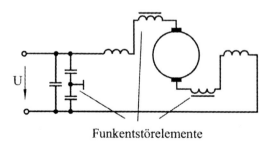

Funkentstörelemente

hochfrequenten Anteile ist eine Ferritdrossel nötig, über die man beide Zuleitungsdrähte gegenläufig führt.

Die Entstörung von mehreren Motoren, Aktoren und Mikroelektronik, welche z.B. in der Medizintechnik im Verbund betrieben werden, muss keinen erhöhten Aufwand von Entstörgliedern bedeuten, wenn man hierzu die Möglichkeiten eines EMV-Labors fachmännisch nutzt, geeignete Schirm- und Erdungsmaßnahmen zu testen.

Stärken und Schwächen

Der Kommutator-Motor eignet sich durch die mechanische Kommutierung besonders gut für den Einsatz bei kleinen Anlaufspannungen. Gerade bei akku- oder solarbetriebenen Anwendungen können so auch kleinste Spannungen in Bewegung umgesetzt werden, wo elektronisch angesteuerte Antriebe wegen der für die Elektronik unverzichtbaren Mindestspannung noch nicht anlaufen. Damit eignet er sich als Generator in „Tacho-Anwendungen" in der eine exakt drehzahlproportionale Spannung erzeugt wird.

Bild 8:
Glockenankerrotor

Der mechanische Aufbau hat allerdings den Nachteil der Abnutzung an den Bürsten; die Gebrauchsdauer ist daher von der Standzeit der Edelmetall- oder Kohlebürsten abhängig. Im Allgemeinen liegt die Lebensdauer bei 1.000 bis 6.000 Stunden und ist damit ausreichend hoch für viele Einsatzfelder. Besonders hervorzuheben ist die geringe Massenträgheit der DC-Rotoren in Glockenankerausführung (Bild 8), da hier nur eine selbsttragende Wicklung im Luftspalt rotiert.

Ob als Antrieb für akkubetriebene Roboter oder feinfühlige Prothesen, in Kleinstgeräten wie mobilen Blutzuckermessgeräten oder anderen Anwendungen mit relativ kurzer Einschaltdauer der Antriebe sind bürstenkommutierte DC-Motoren oft der wirtschaftlichste Antrieb.

Antriebstechnologien

2.2 Elektronisch kommutierter Gleichstrommotor

Der Bürstenabbrand an konventionellen Gleichstrommotoren bedeutet nicht nur Abnutzung, Funkstörungen und ggf. auch Geräusche, er begrenzt auch die maximale Drehgeschwindigkeit, da die Bürsten bei hohen Drehzahlen heiß werden und damit noch rascher verschleißen können. Dies waren die Gründe, nach einer Alternative zu suchen. Hierzu wird der Magnet auf die Welle montiert und kann sich nun als Rotor drehen. Die zu kommutierenden Leiterschleifen werden als ruhende Wicklung im Ständer integriert. Sie werden von Strömen durchflossen, welche sich gleichmäßig zur Rotation des Magneten ändern. Es ergeben sich vergleichbare Verhältnisse wie beim DC-Motor: Das Magnetfeld bewegt sich über die stromdurchflossenen Leiter, es entsteht ein Drehmoment.

Mit der Halbleiterelektronik bietet diese Modifikation eine leistungsfähige Lösung ohne mechanisches Kommutierungsinterface. Der bürstenlose, so genannte elektronisch kommutierte Gleichstrommotor wurde kreiert. Er ist auch unter dem Namen EC-Motor (EC: electronically commutated) bekannt und wird im englischen Sprachbereich auch als BLDC-Motor bezeichnet, abgeleitet von brushless direct current. Er ist im Prinzip ein Synchronmotor mit einer internen oder externen Elektronik, die aus Gleichstrom das notwendige, in der Regel dreiphasige Drehfeld erzeugt.

Das Verhältnis Motorstrangspannung zu Motordrehzahl wird über dem gesamten Drehzahlbereich konstant gehalten, hierdurch lassen sich Drehzahl und Drehmoment entkoppelt regeln. Dieses Verhalten entspricht dem des geregelten Gleichstrommotors, sodass auch in dieser Hinsicht die Bezeichnung als elektronisch kommutierter Gleichstrommotor verständlich ist. Diese Motoren erreichen eine sehr hohe Lebensdauer, da sie bis auf die Lagerung verschleißfrei sind.

Stärken und Schwächen

Das in der Regel geringe Trägheitsmoment und die hohen Drehzahlen, welche die elektronische Kommutierung ermöglichen, prädestinieren dieses Antriebsprinzip für „kleinste" Hochleistungsmotoren. Nachteil ist eine von der Elektronik vorgegebene Mindestbetriebsspannung, ab welcher dieser Motortyp mit Wicklungsströmen versorgt werden kann. Dafür lassen sich diese Motoren aber sehr feinfühlig in allen Last- und Drehzahlbereichen regeln. Dank fallender Preise für die nötige Sensor-, Rechen- und Leistungselektronik finden die langlebigen Motoren immer weitere Verbreitung und verdrängen zunehmend DC-Motoren aus Applikationen.

Mittels intelligenter Regelalgorithmen können die Betriebszustände des Antriebs ermittelt und im Havariefall Fehler abgefangen werden. Die einfache Regelstruktur einer Drehfeld-Mikromaschine macht dies mittels schneller Signalverarbeitung möglich.

Bei einer Speisung des Motors mit einer oberwellenbehafteten Spannung (Blockbetrieb oder PWM) werden sich eine erhöhte Motortemperatur, Drehmomentoberwellen und auch Geräusche einstellen. Durch ein Schrägen der Motorwicklung oder der Erregermagnete in axialer Richtung können diese negativen Effekte verringert werden. Schrägwicklungen nutzen dieses Prinzip und stellen deshalb für Kleinmotoren mit geringen Induktivitäten eine vorteilhafte Lösung dar. Auch Nutrastmomente kommen bei einer Schrägwicklung nicht vor, da diese selbsttragend ohne Nuten an der Statorinnenseite liegen.

EMV-Störung

Der bürstenlose Motor als Kleinst- oder Mikroantrieb selbst besitzt nicht die Möglichkeit, eine EMV-Störung zu erzeugen oder auszusenden. Er kann keine Störungen erzeugen, weil er keine aktiven Bauelemente enthält und er kann keine Störungen aussenden, weil er durch seine geringe Größe zu klein ist, um als Antenne für entsprechende Frequenzen zu wirken.

Bei den Motorzuleitungen allerdings kann ein EMV-Filter notwendig sein. Dieser unterdrückt die von der Elektronik kommenden Störungen.

2.3 Schrittmotor

Ein Schrittmotor ist ein Antriebselement, bei dem der Rotor durch Wahl der angesteuerten Statorspulen gezielt um einen bestimmten Winkel gedreht wird. Auf diese Weise kann man in mehreren Schritten jeden Drehwinkel anfahren, der ein Vielfaches des minimalen Drehwinkels ist. Man unterteilt Schrittmotoren nach ihrer Bauform in Reluktanz- und Permanentmagnetmotoren, wobei man beide Formen auch zu einem Hybridschrittmotor kombinieren kann.

Antriebs-technologien

Reluktanzschrittmotor

Beim Reluktanzschrittmotor besteht der Rotor und der Stator aus einem gezahnten Weicheisenkern. Die Anzahl der Ständer- und Rotorzähne ist nicht gleich.

Durch den Stromfluss in einer Wicklung wird der Rotor eine solche Lage einnehmen, dass ein Rotorzahn wieder mit einem Statorzahn in Deckung gebracht wird. Beim Drehen des Rotors ändert sich der magnetische Widerstand im Luftspalt, der Motor ist bestrebt, während der Drehung eine Position mit geringem magnetischen Widerstand festzuhalten. In einer solchen Position „rastet" er ein und dreht sich erst um seinen Grundschrittwinkel weiter, wenn der Stromfluss auf den nächsten Wicklungsstrom kommutiert wird (Bild 9).

Bild 9: Reluktanzmotor

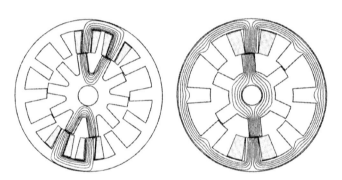

Aufgrund der fehlenden permanentmagnetischen Materialien besitzt der Reluktanzschrittmotor kein Rastmoment. Er entwickelt erst ein Haltemoment wenn er bestromt wird.

Permanentmagnetschrittmotor

Beim Permanentmagnetschrittmotor besteht der Stator aus Weicheisen und der Rotor aus Permanentmagneten. Mit der Statorbestromung richtet man den dauermagnetischen Rotor so aus, dass eine Drehbewegung zum nächsten gewünschten Magnet- Statorzahnpaar entsteht. Ohne Wicklungsstrom besitzt ein solcher Motor ein Selbsthaltemoment. Unterhalb dieses Haltemomentes kann der Motor belastet werden, hierbei wird keine kontinuierliche Drehung hervorgerufen, sondern nur eine Auslenkung um einen Drehwinkel der Welle.

Hybridschrittmotor

Der Stator des Hybridmotors ist ähnlich dem des Reluktanztyps aufgebaut. Der Rotor besteht aus axial magnetischen Permanentmagneten, an deren Stirnflächen gezahnte Polkappen angeordnet sind. Diese führen den magnetischen Fluss des Rotors (Bild 10).

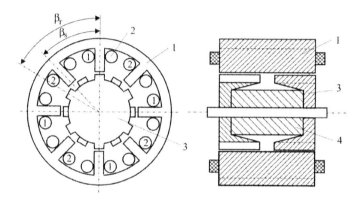

Bild 10:
Hybridschrittmotor
(Quelle: Stölting)

1 geblechter Ständer
2 bipolare Wicklung
3 gezahnte Polkappe
4 Permanentmagnet

Statoren

Statoren von Schrittmotoren sind in der Regel geblecht, und damit ähnlich ausgeführt wie die Statoren von Wechselstrommaschinen. Der magnetische Fluss des sich drehenden Magnetrotors induziert nicht nur in der Wicklung, sondern auch im Statoreisen eine Spannung. Diese Spannung hat Wirbelströme zur Folge, welche zu Verlusten im Eisen führen. Um die Verluste durch Wirbelströme möglichst klein zu halten, werden die Statoren aus einzelnen dünnen Blechen in axialer Richtung zusammengesetzt. Über dem gesamten Stator können sich keine großen Wirbelstrompfade entwickeln, da die dünnen Bleche untereinander isoliert sind.

Das vom magnetischen Fluss des Rotors durchdrungene Statoreisen wird periodisch entlang der Magnetisierungskurve ummagnetisiert. Hierbei fallen die Hystereseverluste an; diese sind notwendig, um die Elementarmagnete des Weicheisens periodisch umzuorientieren. Wirbelstrom- und Hystereseverluste bilden zusammen die Eisenverluste des Stators.

Antriebstechnologien

Klassische Anwendungsgebiete für Schrittmotoren sind Drucker oder der Antrieb des Schreib-/Lesekopfes in einem Diskettenlaufwerk. In der Medizintechnik werden heute Schrittmotoren z.B. zum Feindosieren von Medikamenten eingesetzt.

Da Schrittmotoren, solange sie nicht mechanisch über das Maximaldrehmoment hinaus belastet werden, exakt dem von außen angelegten Drehfeld folgen, können sie ohne Sensoren zur Positionsrückmeldung wie Encoder, Drehgeber oder ähnliches betrieben werden. Sie werden im Gegensatz zu Servomotoren gesteuert betrieben, während Servomotoren in einem geschlossenen Regelkreis auf Position geregelt werden müssen. Antriebe mit Schrittmotoren sind daher kostengünstiger als Servoantriebe bei kleinen Leistungen.

2.4 Nichtelektromagnetische Antriebe

Piezomotoren

Bei einige Werkstoffe entsteht an der Oberfläche eine Ladungsverschiebung, wenn sie mechanisch deformiert werden. Dieses Verhalten ist als piezoelektrischer Effekt bekannt. Umgekehrt verformen sie sich, wenn ein elektrisches Feld bzw. eine Spannung an ihrer Oberfläche angelegt wird. Dies nennt man den inversen piezoelektrischen Effekt. Der Zusammenhang zwischen Spannung und Dehnung ist annähernd proportional. In der Aktorik kommen praktisch nur synthetisierte piezoelektrische Werkstoffe wie Blei-Zirkonat-Titanat (PZT) zum Einsatz, da die natürlichen Kristalle wie Quarz keine hierfür befriedigenden Kennwerte aufweisen. Das keramische PZT wird – wie andere Industriekeramiken auch – in einem Sinterverfahren hergestellt. Nach der Formgebung wird das Material mit Schichten aus Silber, manchmal auch mit Kupfer, Kupfer-Nickel-Legierungen oder Gold als Elektroden versehen und polarisiert. Je nach Anwendungsfall werden einfache Geometrien wie Röhrchen und Plättchen verwendet oder aber Stapelaktoren und Multilayer aus vielen Piezoschichten gebildet.

Obwohl die Entdeckung des piezoelektrischen Effektes (Curie 1880) nicht viel jünger ist als das Wissen um die magnetische Wirkung des stromdurchflossenen Leiters (Oersted 1820), fristen Piezo-Antriebe im Vergleich zu konventionellen Elektromotoren noch ein Nischendasein. Dies hängt wesentlich damit zusammen, dass der (inverse) piezoelektrische Effekt als Festkörpereffekt prinzipiell mit Dehnungen im Promillebereich arbeitet, wohingegen die auf Magnetfeldeffekten beruhenden elektrischen Antriebe naturgemäß auch über mehrere Millimeter und mehr hinweg Kräfte und damit Verstellwege ermöglichen. Aus diesem Grunde ist die klassische Domäne der Piezoaktoren die exakte Erzeugung von winzigen Hüben mit hoher Kraft und Dynamik.

Nanopositioniersysteme sind bis hin zu sechsachsigen Ausführungen heute Stand der Technik. Weitere Anwendungen liegen z. B. in der Mikrofluidik (Pipettiersysteme, Tintenstrahldrucker) und in der Einspritztechnik von Verbrennungsmotoren. Piezoelektrische Motoren mit unbegrenzter Drehbewegung bzw. langem Hub sind dagegen noch recht selten. Lediglich als Antriebe in Autofokusobjektiven haben sie sich einen echten Massenmarkt erobert. In den letzten Jahren bieten sich Piezomotoren jedoch für einige Einsatzfälle als hochinteressante und praxistaugliche Alternative zu den herkömmlichen elektrodynamischen Antrieben an.

Unter dem Begriff der Piezomotoren werden einige sehr verschieden arbeitende Antriebe zusammengefasst. Ihnen gemeinsam ist, dass die sehr kleine Dehnung der Piezos durch Schrittaddition oder durch kontinuierliche Wellenbewegung zu einer großen Auslenkung umgeformt wird. Oft werden Piezomotoren fälschlicherweise mit Ultraschallmotoren gleichgesetzt. Neben den resonanten, typischerweise im Ultraschallbereich arbeitenden Piezomotoren gibt es jedoch auch nichtresonante, quasistatisch arbeitende.

Bild 11:
Piezo LEGS®
(Quelle: PiezoMotor AB/ Uppsala)

Antriebs-technologien

Nichtresonante sind beispielsweise Motoren mit senkrecht zueinander stehenden, gekoppelten Piezostapeln (Inchworm-Prinzip) oder Motoren mit paarweise parallel zueinander stehenden, gekoppelten Piezostapeln (PiezoLegs), (Bild 11). Diese Doppelstapel können sich in Abhängigkeit von den angelegten Spannungen nacheinander zusammenziehen (a), biegen (b), dehnen (c) und wiederum biegen (d), (Bild 12).

Dies entspricht einer Gehbewegung: Bein anziehen, ausholen, absetzen, voran schieben. Durch die Verwendung mehrerer Doppelstapel lässt sich eine kontinuierliche Bewegung erzeugen. Nach diesem Prinzip lassen sich sowohl lineare als auch rotatorische Motoren bauen.

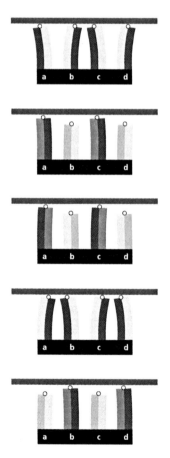

Bild 12: Piezo-Doppelstapel in Bewegung

Bei den resonanten Piezomotoren unterscheidet man hauptsächlich zwischen Wanderwellenmotoren und Motoren mit stehenden Wellen. Wanderwellenmotoren erregen im Stator durch die geschickte Anregung zweier gleichartiger, aber räumlich versetzter Schwingungsformen die Überlagerung zweier stehender Wellen zu einer umlaufenden Welle.

Diese umlaufende Wanderwelle treibt über einen Reibkontakt den Rotor kontinuierlich an. Motoren mit stehenden Wellen dagegen versetzen durch die Anregung verschiedenartiger Schwingungsformen einen Oberflächenpunkt in eine Bewegung auf einer elliptischen Bahn, wodurch dieser – ebenfalls reibschlüssig – den Läufer in vielen Mikroschritten vorantreibt. Dem Verschleiß der Reibpartner begegnet man mit geeigneten Werkstoffen wie z.B. Aluminiumoxid (Bild 13).

Problematisch bei Reibkraftübertragung ist der große Toleranzbereich, in dem sich bei einer Motorcharge die angegebene Kraft bewegt.

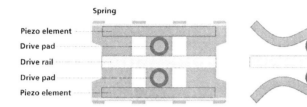

Bild 13:
Piezomotor mit stehenden Wellen

Typischerweise entwickeln Piezomotoren bereits ohne Getriebe hohe Kräfte bzw. Momente und können daher oft als Direktantriebe eingesetzt werden. Hierdurch ergeben sich Vorteile wie Spielfreiheit, hohe Dynamik, einfacher Aufbau aus wenigen Teilen, geringer Bauraum und geringes Gewicht. Darüber hinaus arbeiten sie ohne Magnetfelder und sind in der Lage, ihre Position im stromlosen Zustand zu halten. Viele Ausführungen sind für das menschliche Gehör praktisch geräuschlos. Während frühere Piezomotoren durchweg mit Spannungen um 200 V oder mehr betrieben werden mussten, sind heute auch Bauformen für den Niederspannungsbereich verfügbar, einzelne sogar für nur 3,3 Volt (Bild 14) und somit prädestiniert für den Batteriebetrieb. Insgesamt ist der Aufwand für die Ansteuerung zeitgemäßer Piezomotoren mit dem für EC-Motoren vergleichbar.

Bild 14:
PiezoWave
(Quelle: PiezoMotor AB/ Uppsala)

Häufigste Anwendung finden Piezomotoren in optischen oder lithografischen Systemen, aber auch in der medizinischen oder biologischen Labortechnik und vielen anderen Bereichen bis hin zu Türschlössern.

Magnetostriktive Antriebe

Ähnlich dem inversen piezoelektrischen Effekt verformen sich manche Werkstoffe, wenn sie einem magnetischen Feld ausgesetzt werden. Dies wird als Magnetostriktion oder auch Joulescher Effekt bezeichnet. Meistens ist dieses Verhalten eher störend (z.B. brummende Transformatoren) und technisch kaum nutzbar. Lediglich der Werkstoff „Terfenol-D", eine Verbindung aus Eisen und den Lanthanoiden Terbium und Dysprosium, wird in der Praxis für magnetostriktive Aktoren verwendet. Er ist jedoch sehr spröde, schlecht bearbeitbar, empfindlich gegen Zugspannungen, korrosionsempfindlich und darüber hinaus noch teuer. Vorteilhaft ist dagegen die hohe Energiedichte: Aus demselben Werkstoff-Volumen lässt sich im Vergleich zu Piezokeramiken mehr als die zehnfache Hubarbeit umsetzen. Das Volumen, das für die Erzeugung des Magnetfeldes benötigt wird, ist hierbei jedoch nicht mit betrachtet und stellt natürlich eine erhebliche Einschränkung dar. Stellelemente für die aktive Schwingungsdämpfung und Ultraschalltechnik sind Einsatzfelder für magnetostriktive Aktoren. Kleinmotoren nach dem elektrostriktiven Wirkprinzip sind – ähnlich den piezoelektrischen Inchworm-Motoren – möglich, jedoch nie aus dem Forschungsstadium heraus gekommen.

Elektrostatische Antriebe

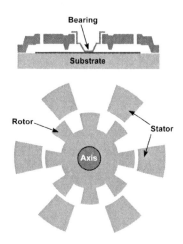

Bild 15: Elektrostatikmotor, schematischer Aufbau

Elektrische Ladungen gleichen Vorzeichens stoßen sich ab, ungleichen Vorzeichens ziehen sich an. Auf dieser Basis sind mechanische Kräfte und damit Motoren möglich (Bild 15).

Während die magnetischen Kräfte konventioneller Motoren aus dem Volumen der Spule und des Magnetmaterials entstehen, handelt es sich bei den elektrostatischen Kräften um Oberflächeneffekte. Bei fortschreitender Miniaturisierung nimmt die Größe der

Oberflächen nicht so schnell ab wie das Volumen. Daraus folgt, dass diese elektrostatischen Kräfte umso interessanter werden, je kleiner das Bauvolumen ist. Mikromotoren auf Silizium-Chips basieren daher häufig auf Elektrostatik (Bild 16). Die elektrostatischen Mikromotoren arbeiten bei rund 100 V. Größere Exemplare benötigen Spannungen im Kilovoltbereich.

Bild 16:
Elektrostatikmotor
(Quelle: Fan Long-Shen, Tai Yu-Chong and Richard S. Muller 1989 IC-processed)

Beim Motoreinsatz ist zu bedenken, dass das elektrostatische Prinzip nicht umkehrbar ist. Werden die Elektroden nach dem Hochlauf kurzgeschlossen, so bremst der Motor nicht, wie es bei einem elektromagnetischen Motor der Fall wäre. Auch wenn der Rotor angetrieben wird, entsteht keine Ladungstrennung an den Elektroden, er kann also nicht als Generator arbeiten. Ebenfalls interessant ist, dass der Strom durch den Motor erst mit steigender Drehzahl zunimmt. Beim Anlaufen ist der Strom so gering, dass er kaum messbar ist. Erst wenn sich die Segmente in Bewegung setzen, werden Ladungen transportiert und es beginnt Strom zu fließen. Wird der Motor belastet, so sinkt dadurch zwangsläufig die Drehzahl und der Strom nimmt ab. Während bei DC- und EC-Motoren die Drehzahl proportional zur Spannung und das Drehmoment proportional zum Strom ist, verhält sich der elektrostatische Motor genau umgekehrt: Die Drehzahl ist proportional zum Strom und das Drehmoment proportional zur Spannung.

In der Mikrosystemtechnik stellen elektrostatische Motoren ein beliebtes Thema dar. Die Anbindung an die Makro-Welt zeigt sich jedoch immer wieder problematisch. Zur Lösung feinwerktechnischer Aufgaben sind sie in der Regel leider nicht geeignet.

Antriebs-technologien

3 Bauweise von Kleinst- und Mikromotoren

Allen drehenden elektrischen Maschinen gemeinsam ist die Tatsache, dass es sich um elektromechanische Energiewandler handelt. In ihnen wird elektrische Energie in mechanische Energie umgewandelt oder umgekehrt.

Dieses Kapitel befasst sich mit der Bauweise, d.h. mit den Ausführungsformen von sehr kleinen elektrischen Maschinen. Es hat sich gezeigt, dass nur ein Teil der möglichen Ausführungsformen (vergl. Kapitel 2) für diese kleinen Antriebe praktikabel und ökonomisch umsetzbar sind.

Zunächst einige Definitionen

Gemäß einer allgemein gültigen Definition spricht man von Kleinmaschinen, wenn die Aufnahmeleistung weniger als 1 kW beträgt.

Das bedeutet, zur Gruppe der Kleinmaschinen gehören auch die sehr zahlreichen Hilfsantriebe in der Industrie. Bei diesen Antrieben handelt es sich im Wesentlichen um so genannte Normmotoren. Diese klassischen Kleinmotoren für 230 V- bzw. 400 V-Netzbetrieb werden hier nicht behandelt. Gegenstand dieses Abschnitts sind vielmehr all die Maschinen mit deutlich weniger als 1 kW Leistungsaufnahme. Für diese Untergruppe der Kleinmaschinen hat sich in der Literatur bisher keine Definition durchgesetzt.

Nach dem Verständnis der am Markt aktiven Firmen handelt es sich bei Kleinstmotoren um Motoren mit bis etwa 100 W Aufnahmeleistung. Beträgt die Aufnahmeleistung unter ca. 1 W, dann wird von Mikromotoren gesprochen.

Klassifizierung von Kleinst- und Mikromotoren

Es gibt keine Norm bezüglich der Klassifizierung von elektrischen Antrieben. Insbesondere im Bereich der Kleinst- und Mikromotoren gibt es lediglich eine herstellerabhängige Klassifizierung, gleichwohl gibt es Ansätze für eine Hersteller übergreifende Klassifizierung.

Diese Klassifizierungsmerkmale betreffen im Wesentlichen die aktiven Teile des Aufbaus, d.h. die Teile, welche den elektrischen Strom führen oder den magnetischen Fluss leiten.

Die wichtigsten Klassifizierungsmerkmale sind in Tabelle 1 aufgelistet. Beachtet werden muss, dass durchaus mehrere Merkmale

Bauweise Kleinst- und Mikromotoren

*Tabelle 1:
Klassifizierungsmerkmale von Kleinst- und Mikroantrieben*

zutreffen können. Allen Kleinst- und Mikromotoren gemeinsam und deshalb nicht aufgelistet ist die Tatsache, dass aus Platzgründen und aus ökonomischen Überlegungen heraus das Erregerfeld permanentmagnetisch erzeugt wird. Außerdem arbeiten diese Antriebe niemals direkt am Drehstromversorgungsnetz, sondern sie werden von einer DC-Quelle (Batterie, Akku oder „Netzgerät") gespeist.

Im Folgenden werden häufig vorkommende Ausführungsformen von Kleinst- und Mikroantrieben besprochen.

	Klassifizierungsmerkmale von Kleinst- und Mikroantrieben	
1	Aufgabe:	Motor, Tacho
2	Bauart-Typ:	Innenläufer, Zwischenläufer, Außenläufer
3	Kommutierungstyp:	mechanisch, elektronisch
4	Feldrichtung:	axial, radial
5	Trägheitsmomentcharakteristik:	Schlankrotor, Standard, Torque-Auslegung
6	Strangzahl/Teiligkeit:	(1, 2) 3, 5, 7, 9, 11, 13 ...
7	Polpaarzahl:	1, 2, ...
8	eingesetzter Magnetwerkstoff:	Hartferrit, AlNiCo, SmCo, NdFeB / gesintert oder kunststoffgebunden
	Zusätzliche Klassifizierungsmerkmale von mechanisch kommutierten Kleinst- und Mikroantrieben	
9	Wicklung, Ankertyp:	T-Anker, Glockenanker, Trommelanker
10	Interfacetyp:	Edelmetall, Graphit
	Zusätzliche Klassifizierungsmerkmale von elektronisch kommutierten Kleinst- und Mikroantrieben	
11	Wicklung:	konzentriert um Schenkel, verteilt in Nuten, im Spalt liegend (Glockenankerwicklung)
12	Elektroblech:	günstig, ... ,standard, ... , verlustarm

3.1 Kommutator-Gleichstrom-Motoren

Der Rotor des Kommutator-Gleichstrom-Motors besteht aus:

- der Welle,
- dem Wicklungsträger (eisenbehaftet oder eisenlos),
- der Ankerwicklung und
- dem Kommutator.

Die Welle besteht üblicherweise aus Stahl. Ein qualitatives Unterscheidungsmerkmal von Gleichstrommotoren ist die Strangzahl der Wicklung, oft auch als Teiligkeit bezeichnet. Dies ist die Anzahl der Strangwicklungen, in die eine Wicklung aufgeteilt ist. Sie entspricht der Anzahl der Kommutatorstege. Bei Drehfeldmaschinen ist die

Strangzahl in der Regel drei (m = 3), bei Gleichstrommaschinen großer Leistung ist sie sehr viel größer. Einfache, kostengünstige DC-Kleinstmotoren haben 3 Stränge (Teiligkeit = 3). Im Hinblick auf eine geringe Drehmomentwelligkeit sollte sie aber größer gewählt werden, z.B. m = 5, 6, 7, 8 oder 9. Eine größere Teiligkeit (Strangzahl) als 11 oder 13 ist zwar wünschenswert, jedoch nur bei Motoren möglich, die sich leistungsmäßig an der oberen Grenze der Kleinstmotoren befinden. Jede Strangwicklung kann aus mehreren parallelgeschalteten Zweigen in Reihe geschalteter Teilwicklungen bestehen. Der Anfang und das Ende jeder Strangwicklung werden schließlich mit dem Kommutator verbunden.

Motoren mit eisenbehaftetem Rotor

Der DC-Motor mit eisenbehaftetem Rotor zeichnet sich durch eine Ankerwicklung aus, die direkten Kontakt mit einem „Träger" hat. Der „Träger" hat zwei Aufgaben, er gibt der Wicklung mechanische Stabilität und er reduziert den Magnetisierungsbedarf. Diese Aufgaben kann nur ein fester und ferromagnetischer Werkstoff erfüllen. Der „Träger" besteht deshalb aus sog. Elektroblech. Elektroblech ist ein Material mit einer besonderen Form der Hysteresekurve, welches geringe Eisenverluste sicherstellt. Diese entstehen in allen elektrisch leitfähigen Materialien wenn sie relativ zu einem magnetischen Feld bewegt werden:

- infolge von Induktionswirkung (→Wirbelstromverluste) und
- infolge der zyklischen Ummagnetisierung durch das durchsetzende Magnetfeld (→ Ummagnetisierungsverluste).

Die Eigenschaften von Elektroblech werden maßgeblich bestimmt von dem Werkstoff (Silizium-, Nickel-, Kobaltblech), dessen Stärke (0,2 mm ... 1 mm), der abschließenden Glühbehandlung und der Art der Isolation zwischen den einzelnen Blechen.

Die Ankerwicklung ist entweder um Schenkel gewickelt (Bild 1) oder in Nuten eingelegt (Bild 2). Zur Reduzierung von Rastmomenten ist ein Schrägen der Nuten oder Schenkel üblich. Eine Variante mit einer auf der Oberfläche eines geblechten, rotationssymmetrischen Trägers befestigten Luftspaltwicklung ist denkbar, wird aber allenfalls auf Anfrage als Sonderlösung realisiert.

Eisen hat neben der guten magnetischen Leitfähigkeit eine hohe spezifische Wärmekapazität und ein gutes Wärmeleitvermögen.

Bauweise Kleinst- und Mikromotoren

Bild 1 (links):
Um einen Schenkel gewickelte Wicklung

Bild 2 (rechts):
In Nuten liegende Wicklung

Beide Sachverhalte und der Umstand, dass die Wicklung unmittelbar mit dem Eisen verbunden ist, führen zu einer großen Überlastbarkeit dieses Motortyps. Das Eisen führt die Stromwärmeverluste schnell von der Wicklung weg. Der Verlustanteil, der nicht unmittelbar an das Kühlmedium abgegeben werden kann, wird in der Wärmekapazität des Eisens gespeichert und führt zu einer Temperaturerhöhung. Je größer die Wärmekapazität, desto länger darf die Stromüberlastung des Motors andauern, ehe die Rotor- und damit die Wicklungstemperatur kritische Werte annimmt.

Die Permanentmagnete zur Erregung von Kleinstmotoren mit eisenbehafteten Rotor befinden sich an der Innenseite des Gehäuses (Bild 3).

Bild 3:
Ständer eines permanenterregten Kleinstmotors mit eisenbehaftetem Rotor

T-Ankermotor

Als T-Ankermotoren bezeichnet man Gleichstrom-Kleinstmotoren mit einer besonderen Geometrie des Ankers, dessen Querschnitt an ein T erinnert. Elektromaschinenbauer sprechen vom Rotor in Schenkelpolausführung und von einer konzentrierten Wicklung. Die Schenkel tragen die Wicklung und geben ihr die notwendige mechanische Festigkeit. Jede Strangwicklung ist um einen Schenkel gewickelt. Damit ein maschinelles Wickeln möglich ist, darf der Abstand zwischen benachbarten Schenkeln nicht zu klein sein.

Die Anzahl der Schenkel ist ein Unterscheidungsmerkmal aller T-Ankermotoren und stimmt bei Kleinst- und Mikroantrieben meist mit der Teiligkeit des Kommutators überein. Allen T-Ankermotoren gemeinsam ist die Tatsache, dass sie eine merkliche Ankerrückwirkung haben, d.h. das Ankerfeld nimmt bei großer Last (großes Lastdrehmoment → großer Strom in der Ankerwicklung) wegen des kleinen magnetisch wirksamen Spalt (delta_mag) zwischen der Schenkeloberfläche und dem Statoreisen große Werte an (Bem: L ~ 1/delta_mag). Das Ankerfeld steht senkrecht auf dem Permanentmagnetfeld. Das resultierende Luftspaltfeld verdreht sich mit zunehmender Last. Die Bürstenachse liegt dann nicht mehr im Bereich des Feld-Nulldurchgangs. Die Folge ist ein verringertes Drehmoment und eine schlechte Kommutierung.

Der T-Ankermotor ist hinsichtlich der in Tabelle 1 gelisteten Klassifizierungsmerkmale vom Bauart-Typ Innenläufer.

Doppel-T-Anker

Der Anker mit zwei Schenkeln („Doppel-T-Anker") ist die einfachste Ausführung eines Ankers für eine DC-Maschine. Er besteht aus zwei Strangwicklungen, d.h. die Strangzahl ist 2 (Bild 4).

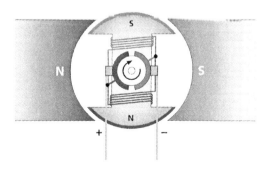

Bild 4:
Doppel T-Anker

Bauweise Kleinst- und Mikromotoren

Motoren mit einem solchen Anker brauchen eine Starthilfe, da sie nicht aus jeder Position aus eigener Kraft anlaufen können, z.B. bei waagrechter Lage des Rotors und waagerecht angeordneten Magneten.

Diese Ausführungsart hat keine wirtschaftliche Bedeutung. Dieser Aufbau dient heute im Wesentlichen dazu, den DC-Motor, insbesondere das Funktionsprinzip des Kommutierungssystems, zu erklären.

Dreifach-T-Anker

Der Dreifach-T-Anker besteht aus drei Schenkeln. Jeder trägt eine Teilwicklung. Um die drei Wicklungen unabhängig voneinander anzusteuern, benötigt man einen Kommutator mit drei Segmenten (Lamellen). Die Wicklung ist damit in drei Stränge aufgeteilt. An jede Lamelle ist ein Spulenanfang und ein Spulenende von zwei benachbarten Teilwicklungen angeschlossen. Im Unterschied zum Motor mit Doppel-T-Anker können Motoren mit Dreifach-T-Anker (Bild 5) aus jeder Rotorposition anlaufen.

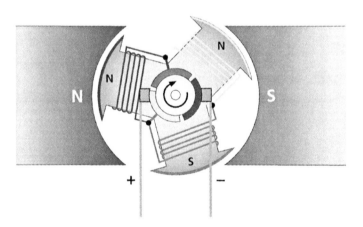

Bild 5: Dreifach T-Anker

Dieser Ankertyp ist die einfachste Ausführung eines bürstenkommutierten Kleinstmotors. Wegen der geringen Schenkelanzahl und der geringen Strangzahl ist er sehr ökonomisch herzustellen. Das Bewickeln der drei Schenkel mit einem Wickelautomaten ist unter Zuhilfenahme von Wickelhilfen nahezu genauso einfach möglich wie die des Doppel-T-Ankers.

Ein Kleinstmotor mit einem Dreifach-T-Anker hat ein vergleichsweise starkes Störabstrahlungsvermögen. Dies liegt an der niedrigen Strangzahl und der Ankerrückwirkung. Der EMV-Entstöraufwand ist entsprechend groß. Umgangssprachlich spricht man gern von einem ausgeprägtem „Bürstenfeuer". Ausführungen mit fünf oder mehr Strängen, gewickelt auf entsprechend vielen Schenkeln, beeinflussen das EMV-Verhalten in günstiger Weise.

Die Erhöhung der Strangzahl verringert außerdem die Drehmomentenwelligkeit, der Lauf wird „gleichmäßiger". Bei gegebenem Rotordurchmesser ist die realisierbare Schenkelanzahl technologisch begrenzt, d.h. ab einer bestimmten Schenkelanzahl ist der Abstand zweier benachbarter Schenkel so gering, dass ein ökonomisches Bewickeln nicht mehr möglich ist.

Trommelanker

Möchte man eine sehr hohe Strangzahl realisieren, dann erfordert dies einen DC-Motor mit Trommelanker. Bei Kleinstmotoren verwendet man meist halbgeschlossene, konische Nuten, d.h. mit parallelen Zahnflanken. Als Leiter verwendet man Kupfer-Runddraht. Beim Trommelanker liegt jede Strangwicklung in mindestens zwei Nuten. Er hat einen geblechten Anker-Zylinder, in dem die Windungen im Zylindermantel parallel zur Achse (Bild 6) verlaufen. Da die Ankerwicklung nicht nur eine Leiterschleife je Strang besitzt, sondern gleich mehrere, entwickelt der Motor ein entsprechend

Bild 6:
Trommelanker-Rotor mit nicht geschrägten Nuten

großes Drehmoment. Durch das Schrägen der Nuten über den Umfang erhält man Varianten mit vermindertem Rastdrehmoment und einem gleichförmigeren Drehmomentverlauf.

Bauweise Kleinst- und Mikromotoren

Motoren mit eisenlosem Anker

Im Unterschied zum T-Ankermotor benötigt die Wicklung des Glockenankermotors keinen Träger. Dies wird durch zwei sich kreuzende, miteinander verbackene Wickellagen erreicht (Bild 7). Der entstehende Wickelkörper wird aufgrund seiner hohen Festigkeit als „freitragend" bezeichnet.

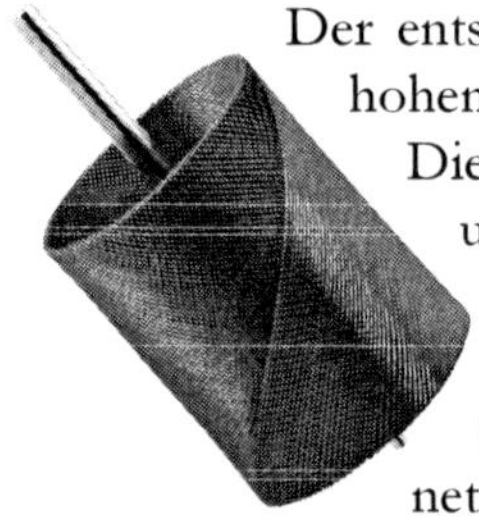

Die klassische, d.h. in Nuten liegende Wicklung unterscheidet zwischen Bereichen, in denen die Leiter zumindest näherungsweise axial verlaufen und solchen, in denen die Leiter tangential liegen. Letzteren Bereich bezeichnet man als „Wickelkopf". Damit die Wicklung und damit die Maschine axial möglichst kurz baut, hat der Wickelkopf eine größere Dicke als das Leiterpaket in der Nut. Diese Unterscheidung gibt es bei der Glockenankerwicklung nicht. Jede Spulenseite legt bei ihrem Weg von einem Wicklungsende zum andern in Umfangsrichtung eine Polteilung zurück. Bei einer zweipoligen Maschine also den halben Umfang (Bild 8).

Bild 7: Rotor eines Glockenankermotors (DC-Kleinmotor)

Bild 8: Abwicklung der Glockenankerwicklung

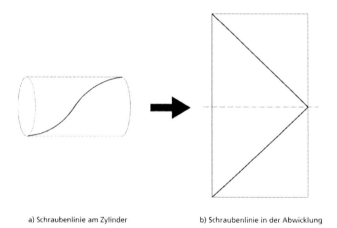

a) Schraubenlinie am Zylinder   b) Schraubenlinie in der Abwicklung

Die nachfolgenden Bilder zeigen den Aufbau eines Glockenankermotors mit Edelmetallkommutierungssystem (Bild 9) und mit einem Kommutierungssystem bestehend aus Kupferkommutator und Kupfer-Graphitbürsten (Bild 10).

Die Kommutatorscheibe trägt den Kommutator und verbindet die Wicklung mit der Welle. Die Wicklung hat auch ohne einen Wicklungsträger eine gute mechanische Festigkeit, auch bei

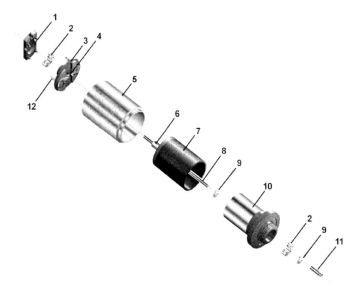

Bild 9:
DC-Kleinstmotor mit Edelmetallkommutierungssystem

1   Abdeckplatte
2   Kugellager
3   Bürstendeckel
4   Bürsten
5   Gehäuse
6   Kommutator
7   Wicklung
8   Welle
9   Scheibe
10 Magnet
11 Reibhülse
12 Anschlüsse

höchsten Drehzahlen. Da das Innere der Wicklung „hohl" ist, wird diese Ankerbauart auch als Hohlläufer bezeichnet. Andere erinnert der Rotoraufbau an eine Glocke, weswegen sehr häufig auch die Bezeichnung „Glockenanker" verwendet wird.

Im Unterschied zum T-Ankermotor befinden sich die Permanentmagnete beim Glockenankermotor innerhalb des Wickelkörpers, in dem sonst nicht benötigten „Hohlraum". D.h. der Ständer, bestehend aus innerem Rückschluss, Permanentmagnet, Lagerschilden und äußerem Rückschluss umschließt den Rotor. Daher klassifiziert man diese Bauart auch als Zwischenläufer.

Ein wichtiger Vorteil des Glockenankermotors ist, dass er nicht geblecht ausgeführt werden muss. Da er keine Eisenteile enthält, die sich gegenüber dem Erregerfeld bewegen, ist diese Motorbauart frei von Eisenverlusten und erreichen dadurch höhere Wirkungsgrade als vergleichbare T-Ankermotoren. Das prädestiniert sie für alle Batterie- oder Akku- gestützten Anwendungen. Ein weiterer wesentlicher Vorteil ergibt sich aus dem Fehlen des Wicklungsträgers. Dies führt zu einem sehr geringen Rotorträgheitsmoment und ermöglicht

Bauweise Kleinst- und Mikromotoren

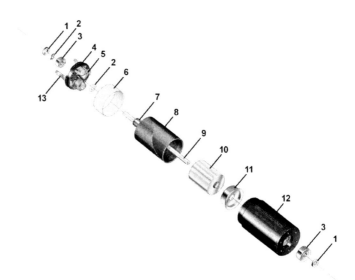

Bild 10:
DC-Kleinstmotor mit Kupfer-Graphitkommutierungssystem

1 Fixierhülse
2 Federscheibe
3 Kugellager
4 Bürstendeckel
5 Graphitbürsten
6 Isolierring
7 Kommutator
8 Wicklung
9 Welle
10 Magnet
11 Magnetdeckel
12 Gehäuse
13 Anschlüsse

so eine hervorragende Dynamik. Wegen des absolut rotationssymmetrischen Aufbaus hat der magnetische Leitwert zwischen Stator und Rotor keine Winkelabhängigkeit. Dadurch hat dieser Motor von Natur aus kein Rastdrehmoment. Wegen des großen magnetisch wirksamen Spalts hat der Motor auch praktisch keine Ankerrückwirkung. Somit ist der Motorstrom in erster Näherung streng proportional zum Drehmoment, was die Drehmomentregelung stark vereinfacht. Letztlich ermöglicht der innen liegende Erregermagnet die Realisierung von Motoren mit höchster Leistungsdichte.

Es ist möglich, die Wicklung statt als Zylinder, als Scheibe auszubilden. Bild 11 zeigt die auf diesem Prinzip beruhende Bauform. Es ist ein DC-Kleinstmotor mit eisenlosem Flachläufer. Beim DC-Flachläufermotor handelt es sich um einen „Glockenankermotor in Axialfeldbauart". Der Rotor ist aufgebaut aus einer Anzahl sehr flacher Wicklungen, die mit der Welle und dem Kommutator verbunden sind. Die Wicklung ist in der Regel aus mehreren Kupferdrahtspulen aufgebaut, es ist jedoch auch möglich, Wicklungen aus Leiterbahnen zu fertigen. Die Leiterbahnen können z.B. durch Stanzen, im Siebdruckverfahren oder durch Ätzen beschichteter Folien hergestellt werden. Auf diese Art lassen sich Wicklungen auch für kleinste Abmessungen herstellen.

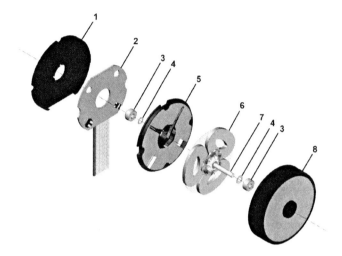

Bild 11:
DC-Kleinstmotor mit eisenlosem Flachläufer

1 Deckel
2 Encoder-Platine
3 Sinterlager
4 Scheibe
5 Bürstendeckel
6 Wicklung
7 Welle
8 Magnet/Gehäuse

Die Wicklung befindet sich zwischen dem Permanentmagneten und dem magnetischen Rückschluss. D.h. auch dieser Motortyp gehört zur Klasse der Zwischenläufer.

Ein zusätzlicher Kommutator ist für eine Leiterplattenwicklung nicht erforderlich. Die Bürsten können unmittelbar die Leiterbahnen kontaktieren. Genau wie der Glockenankermotor hat der Scheibenläufermotor ein sehr kleines Trägheitsmoment und keinerlei magnetisches Rastdrehmoment. Der mechanisch sehr stabile Rotoraufbau ermöglicht sehr hohe Drehzahlen.

3.2 Elektronisch kommutierte Motoren

Genau wie bei DC-Großmotoren ist die mechanische Kommutierung bei Kleinst- und Mikromotoren mit einer zusätzlichen Reibung zwischen den bewegten Teilen, mit mechanisch bedingtem Verschleiß, mit Reibungswärme und auch mit Bürstenfeuer verbunden. All dies wirkt sich nachteilig auf die Lebensdauer aus. Der Bürsten- und Kommutatorabrieb ist elektrisch leitfähig und deshalb nicht nur hinsichtlich der Verschmutzung möglicherweise problematisch. Außerdem entsteht ein oft störendes Bürstengeräusch.

Anders als bei Großmaschinen können die Bürsten und der Kommutator von DC-Kleinst- und Mikromotoren nicht gewartet werden. Das Kommutierungssystem ist deshalb Lebensdauer bestimmend.

Bei den so genannten EC-Motoren hängt die Lebensdauer innerhalb der Leistungsgrenzen nur noch von der Lagerung des Rotors ab, denn diese Motoren haben kein mechanisches, also verschleißendes Kommutierungssystem, sondern werden elektronisch kommutiert.

Auch bei dieser Art der Kommutierung sind für die verschiedenen Anwendungen besondere Motorbauarten entwickelt worden.

Bürstenloser DC-Servomotor

Als bürstenloser DC-Servomotor wird ein elektronisch kommutierter Motor mit Drehfeldwicklung bezeichnet, dessen Betriebsverhalten dem Betriebsverhalten eines permanenterregten Gleichstrommotors entspricht. Bild 12 zeigt die Ausführung als Innenläufer-Motor in Standard-Ausführung hinsichtlich Trägheitsmoment und Eisenverlusten.

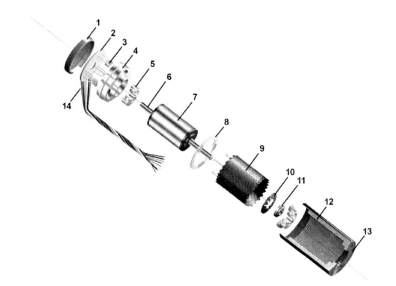

Bild 12:
Bürstenloser
DC-Servomotor

1 Deckel
2 Platine
3 Hallsensor
4 Lagerdeckel
5 Kugellager
6 Welle
7 Magnet
8 Platine
9 Wicklung
10 Federscheibe
11 Distanzscheibe
12 Blechpaket
13 Gehäuse
14 Anschlüsse

Der Aufbau ist recht einfach. Im Gehäuse befindet sich das Blechpaket, darin die Glockenanker-Wicklung. Deren Anschlüsse werden über eine kleine Printplatte mit der Steuer- bzw. Sensor-Elektronik oder den Anschlusskabeln verbunden. Innerhalb der Wicklung befindet sich das Polrad, bestehend aus Magnet und

Welle. Die Welle wird je nach Verwendungszweck des Motors in Sinterlagern aus Metall, Saphir, Keramik oder auch in Miniaturkugellagern gelagert.

Die Magnete sind zusammen mit dem magnetischen Rückschluss direkt auf der Ankerwelle angeordnet. Der direkte Kontakt der Wicklung mit dem Statorblechpaket ermöglicht eine gute Abfuhr der Stromwärmeverluste vom Wicklungsleiter über das Blechpaket zur umgebenden Luft und zum Motorträger.

Die Verwendung von hochenergetischen Magnetwerkstoffen (z.B. NdFeB oder SmCo) ermöglichen bei minimalem Einsatz von Magnetmaterial hohe Flussdichten im Wickelraum und damit große Drehmomente bereits bei geringen Strömen. Gleichzeitig bedeutet dies ein kleines Trägheitsmoment des Rotors. Dadurch werden ein hochdynamischer Betrieb und sehr hoher Drehzahlen möglich. Durch den nutenfreien Stator hat auch dieser Motor keinerlei Rastdrehmoment. Besonders bei Positionieranwendungen wirkt sich das positiv aus. Über die geeignete Wahl des Elektroblechs lassen sich Sonderantriebe für Drehzahlen bis 100.000 pro Minute oder für geringste Erwärmung realisieren.

Bild 13:
1,9 mm Motor

Einer der kleinsten derzeit in Serie produzierten Motoren (Bild 13) hat einen Außendurchmesser von lediglich 1,9 mm und wird mit einem Planetengetriebe im gleichen Durchmesser angeboten.

Bürstenloser DC-Motor mit integrierter Elektronik

In der Regel haben EC-Motoren Eisenverluste, die Firma Faulhaber hat jedoch eine eisenverlustfreie Variante in Produktion, den „bürstenlosen DC-Motor mit integrierter Elektronik". Bei dieser Bauart wird die feststehende Wicklung vom Rotor umschlossen. Es handelt sich je nach Betrachtungsweise um eine Sonderform des Außenläufers oder des Zwischenläufers.

Bild 14 zeigt den Aufbau. Der Rotor wird gebildet durch den äußeren und inneren Rückschluss, die Welle und den Magneten.

Bauweise Kleinst- und Mikromotoren

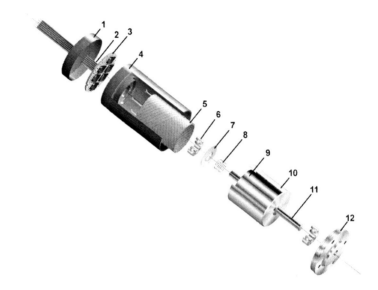

Bild 14:
Bürstenloser DC-Motor
mit integrierter Elektronik

1 Deckel
2 Flachbandkabel
3 Elektronik
4 Gehäuse
5 Wicklung
6 Kugellager
7 Scheibe
8 Sprungfeder
9 Magnet
10 Eisenrückschluss
11 Welle
12 Befestigungsflansch

Weil sich der gesamte Rückschluss mit dem Magneten bewegt, braucht er nicht geblecht ausgeführt zu werden. Der Rotor kann somit kostengünstig spanend hergestellt werden und ist wegen seiner Festigkeit prinzipiell für hohe Drehzahlen geeignet. Die Wicklung ist mit dem Gehäuse verbunden und taucht in den Spalt zwischen Magnet und Außenjoch ein.

Diese Bauart hat somit ein großes Trägheitsmoment. Dadurch eignet sich dieser Motor überall dort, wo besondere Ansprüche an den Gleichlauf und den Wirkungsgrad gestellt werden.

Im Unterschied zu Außenläufermotoren nach klassischer Bauart hat der bürstenlose DC-Motor mit integrierter Elektronik von Faulhaber ein zusätzliches Gehäuse. Dadurch kann der Motor wie ein Innenläufermotor verwendet werden, d.h. der Abtrieb erfolgt über eine zentrale Welle. Der wesentliche Vorteil diese Bauart gegenüber klassischen Außenläufermotoren und gegenüber sonst „üblichen" EC-Motoren: Sie ist völlig frei von Eisenverlusten. D.h. sie vereinen Vorteile der DC-Glockenankermotoren (rastmomentfrei, ankerrückwirkungsfrei, eisenverlustfrei, ...) mit denen von bürstenlosen DC-Servomotoren mit Glockenanker-Wicklung (kein Lebensdauer begrenzendes mechanisches Kommutierungssystem, ...). Genau wie klassische Außenläufermotoren hat der bürstenlose DC-Motor mit integrierter Elektronik ein großes Trägheitsmoment.

EC-Scheibenläufermotor

Die Vorteile des vergleichsweise hohen Drehmomentes und der naturgemäß flachen Bauweise der Scheibenläufermotoren werden auch bei elektronisch kommutierten Motoren genutzt. Als Flach- oder auch Pennymotor finden diese EC-Motoren Einsatz in vielen modernen Kleingeräten. Sie setzen sich als Zwischenläufer wie gezeigt aus einer dünnen Wicklung, einem Eisenrückschluss und dem drehbar gelagerten dünnen Permanentmagneten zusammen (Bild 15).

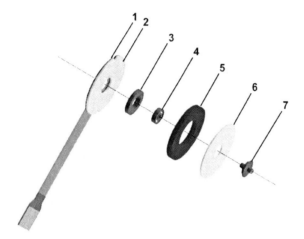

Bild 15:
Pennymotor

1 Flexboard
2 Flachwicklung
3 Flansch
4 Kugellager
5 Magnetring
6 Deckel
7 Welle

Mit diesem Aufbau können Motoren bei nur 12 mm Durchmesser und 2 mm Bauhöhe problemlos bis über 60.000 U/min erreichen. Für spezielle Anwendungen werden auch flache Außenläufermotoren gefertigt. Hier sitzt die Wicklung im Inneren einer sich drehenden Gehäuseeinheit aus Magnet und Eisenrückschluss.

Aufgrund ihrer kleinen und flachen Bauform eignen sich die Motoren für viele Anwendungsgebiete. In Mobiltelefonen werden sie für den Vibrationsalarm verwendet; ein weiteres Einsatzgebiet ist die Medizintechnik. Kundenspezifische Systeme wie autoklavierbare und vakuumverträgliche Versionen sind damit ebenfalls realisierbar.

3.3 Sonderbauformen

Schlankrotor-Motor

Der Schlankrotor-Motor trägt seinen Namen aufgrund des schlanken Rotoraufbaus, gekennzeichnet durch ein kleines Durchmesser-Längen-Verhältnis. Bei dieser Bauart sind alle Durchmesser reduziert und alle axialen Längen entsprechend vergrößert. D.h. im Vergleich zu einem normalen Motor mit gleichem Volumen hat diese Bauart ein deutlich geringeres Trägheitsmoment. Dies verbessert die dynamischen Eigenschaften des Motors.

Diese Ausführungsform ist keine eigene Rotorbauart wie der T-Anker, der Trommelanker, der Glockenanker oder das Permanentmagnet erregte Polrad (Magnetrotor), sondern eine Ausrichtung der genannten Rotorbauformen hinsichtlich hoher Dynamik. Bild 16 zeigt eine Ausführung als EC-Motor. Zu erkennen ist der sehr schlanke Magnetrotor.

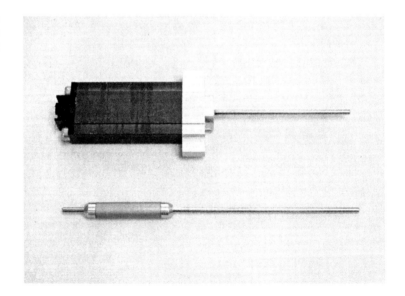

Bild 16: EC-Motor in Schlankrotor-Ausführung

Klauenpolläufer

Für kostengünstige Motoren und bei manchen Motorkonzepten auch aus Platzgründen ist ein segmentförmig durchmagnetisierter oder aus Einzelmagneten aufgebauter Läufer nicht die beste Lösung. Hier könnte der Klauenpolläufer die Lösung darstellen. Bei ihm

Bauweise Kleinst- und Mikromotoren

wird ein axial aufmagnetisierter, zylinderförmiger Permanentmagnet von zwei weichmagnetischen Eisenpolkappen umschlossen. Deren Form erinnert an Klauen, was dem Läufer seinen Namen gab (Bild 17).

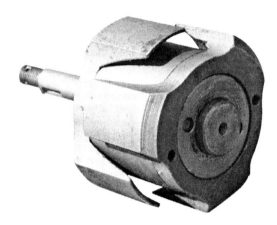

Bild 17:
Permanenterregter
Klauenpolläufer

Aufeinanderfolgende Klauen haben unterschiedliche magnetische Polungen; in den Spalten zwischen den Klauen entstehen somit radiale magnetische Felder. Sie wirken genauso, als wären sie aus entsprechend vielen Einzelmagneten zusammengesetzt. Der einfache Aufbau mit nur einem Magneten bietet sich für die kostengünstige Massenfertigung, aber auch für die Herstellung von Minimotoren an. Die Klauenhälften können beispielsweise aus Elektroblech gestanzt und anschließend gebogen werden.

Bekanntestes Einsatzgebiet des Klauenpolläufers in Generatorausführung ist die Kfz-Drehstromlichtmaschine. Ebenfalls als Generator aber mit Permanentmagnet und aus Blech gestanzten Klauen arbeitet der einfache Fahrraddynamo. Schließt man an einen solchen Dynamo eine Wechselspannung an, so läuft der Generator nach „anschieben" des Rotors im Motorbetrieb. Die Drehzahl ist dabei abhängig von der Frequenz der Spannung.

Bauweise Kleinst- und Mikromotoren

4 Rotorlagen-Erfassung für die Motorregelung

Damit bürstenlose DC-Motoren überhaupt laufen können, muss die elektronische Kommutierung den Stromfluss im Stator exakt an die Stellung des Ankers anpassen. Dazu sind Sensoren nötig, die die Position des Rotors erfassen und an die Regelelektronik weitermelden. Aber auch für konventionelle DC-Motoren ist eine Erfassung dieser Größen nötig, wenn sie drehzahl- oder positionsgeregelt betrieben werden sollen.

4.1 Hallsensoren

Die klassische Methode der Positionserfassung bei bürstenlosen DC-Motoren ist der Einsatz von Hallsensoren. Diese Sensoren nutzen den nach dem amerikanischen Physiker Herbert Edwin Hall benannten Effekt zur Messung von Magnetfeldern: Fließt ein Strom durch das Hallelement oder durch einen Halbleiter senkrecht zum Magnetfeld, so werden die Ladungsträger auf eine Seite des Elements abgelenkt; auf die Ladungsträger wirkt die Lorentzkraft, die auch Elektromotoren in Bewegung setzt. Es entsteht quer zur Stromrichtung eine Spannung zwischen den gegenüberliegenden Seiten des Elements.

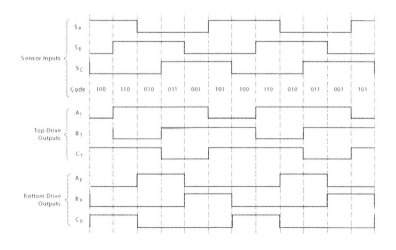

Bild 1:
Ausgangssignal dreier digitaler, um 120° versetzter Hallsensoren

Rotorlagen-Erfassung

Elemente, bei denen dieser Effekt stark ausgeprägt ist, nennt man Hallgeneratoren; die Spannung bezeichnet man als Hallspannung. Sie ist proportional zum Produkt aus magnetischer Flussdichte (Induktion) und Strom. Ist der Strom bekannt, kann man so die magnetische Flussdichte messen; bei bekanntem Magnetfeld lässt sich die Stromstärke bestimmen. Hallsensoren werden aus dünnen Halbleiterplättchen hergestellt. In ihnen ist die Ladungsträgerdichte klein und somit die Elektronengeschwindigkeit groß; dadurch entstehen hohe Hallspannungen.

In Motoren mit drei Wicklungssträngen sind bei der einfachsten Ausführung drei digitale Hallsensoren um 120° versetzt angeordnet. Sie tasten das Magnetfeld des Rotors ab und liefern damit direkt die Kommutierungssignale für die Ansteuerelektronik. So gelingt auf einfachste Weise der Betrieb eines bürstenlosen DC-Motors (Bild 1).

Über die Signale der drei Hallsensoren kann man außerdem die Drehzahl berechnen. Dazu werden die Zeiten zwischen den Flanken der Hall-Spannungen gemessen. Der Kehrwert ist proportional zur Drehzahl. Nachteilig ist allerdings, dass man nur sechs Mal pro Umdrehung eine Drehzahlinformation erhält. Wegen der geringen Auflösung dieses Gebersystems ist es daher nur für Drehzahlen über ca. 500 U/min geeignet.

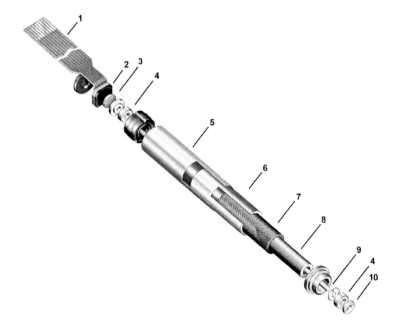

Bild 2:
Aufbau des 6-mm-Motors,. Der Sensor ist als Dice (Nacktchip) kompakt integriert

1 Flexboard
2 Platine mit Dice
3 Gebermagnet
4 Kugellager
5 Hülse
6 Blechpaket
7 Wicklung
8 Magnet
9 Welle
10 Fixierhülse

Bei Mikroantrieben ist es wegen des oft winzigen Bauraums schwierig, die Motormagneten direkt abzutasten. Zudem sind die gängigen digitalen Hallsensoren in zu großen Gehäusen verpackt, als dass man die Außendurchmesser der Motoren damit einhalten könnte. Daher baut man einen separaten Gebermagneten für die Sensorik ein und verwendet die Hallsensoren als Dice (Nacktchip), die in so genannter COB (Chip on Board) Technik direkt auf der Leiterplatte verbaut werden (Bild 2).

4.2 Inkrementale und absolute Drehgeber

Für die Weg- und Winkelmessung gibt es zwei Methoden, die inkrementale und die absolut messende. Inkrementale Wegaufnehmer zählen Marken, die gleichmäßig über den zu messenden Weg oder Winkel verteilt sind und addieren sie zur Weginformation auf. Diese Messmethode ist verhältnismäßig einfach, hat aber einen Nachteil: Die Auswertung muss bei jedem Start (Anfahrelektronik erforderlich) oder bei Informationsverlust neu synchronisiert werden. Dafür wird eine Referenzmarke angefahren, von der aus sie mit dem Zählen neu beginnt. Ein Vorteil ist jedoch, dass aus den Inkrementen leicht eine Geschwindigkeitsinformation abgeleitet werden kann. Darum werden Absolutgeber manchmal auch mit einer zusätzlichen Inkrementalspur ausgerüstet.

Eigenschaften und Einsatz von Inkrementalgebern

Inkrementale Impulsgeber erzeugen zwei Rechtecksignale mit 90° Phasenverschiebung. Dies ermöglicht die Drehrichtung zu erkennen und so beim Vorwärtslauf die Werte zu addieren bzw. beim Rückwärtslauf zu subtrahieren. Durch Berechnung der Impulsdifferenz zwischen zwei Abtastzeitpunkten oder über Frequenz-Spannungswandlung kann die Drehzahl ermittelt werden.

Mit einem Impulsgeber ist es also möglich, gleichzeitig Drehzahl und Position zu bestimmen. Geeignete Reglerschaltungen können so bei DC- und EC-Motoren die Drehzahl und Position regeln. Je höher die Impulszahl pro Umdrehung, desto genauer ist auch die Auflösung für die Positionierung und desto kleinere Drehzahlen können konstant gehalten werden. Impulsgeber arbeiten verschleißfrei und haben daher eine extrem lange Lebensdauer. Sie sind grundsätzlich so aufgebaut, dass ein mit dem Motor mitdrehendes Geberrad Signalschwankungen in feststehenden Sensoren hervorruft.

Rotorlagen-Erfassung

Diese Signalschwankungen werden mit einer Elektronik in Rechtecksignale umgewandelt. Zwei Ausgangssignale mit 90° Phasenverschiebung werden realisiert, indem zwei Empfängersensoren in einem geeigneten Abstand montiert werden. Abgetastet wird optisch oder magnetisch. Beim optischen Prinzip strahlt eine Leuchtdiode durch eine Schlitzscheibe. Dies bewirkt beim Drehen ein ständiges Pulsieren der Helligkeit an einem hinter der Scheibe befindlichen Fototransistor.

Beim magnetischen Prinzip besteht das Geberrad aus einem mehrpoligen rotationssymmetrischen Dauermagneten. Die Feldschwankungen dieses Magnetrades werden mit einem Hallsensor erfasst und in die entsprechenden Ausgangsimpulse umgewandelt. Dank der magnetischen Abtastung beeinträchtigen auch Schmutz z.B. durch Bürstenabrieb die Sensortätigkeit nicht (Bild 3).

Um den Anforderungen an Bauraum, Dynamik und Auflösung moderner Kleinst- und Mikroantriebe gerecht zu werden, mussten komplett neue Systeme integrierbarer Impulsgeber entwickelt werden. Für ihren Aufbau ist der Einsatz modernster Technologien

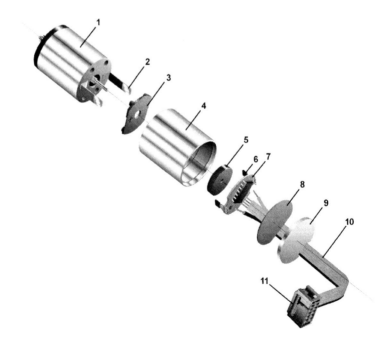

Bild 3: Funktionsprinzip magnetischer Inkrementalgeber

1 DC-Kleinstmotor
2 Anschluss
3 Abdeckplatte
4 Gehäuse
5 Magnetscheibe
6 Hallsensor
7 Platine
8 Isolation
9 Deckel
10 Flachbandkabel
11 Stecker

Rotorlagen-Erfassung

notwendig. Bei ihnen ist der Geberring direkt am Rotor montiert und die magnetisch aktiven Zonen sind stirnseitig angebracht. Ein extrem flacher Aufbau der Elektronik und die Ausnützung von bisher unbenutztem Bauraum im Motor sind so möglich.

Drei konkrete Produktbeispiele aus dem Hause Faulhaber mögen verdeutlichen, wie solche Geber in der Praxis aufgebaut sind:

Der IE2-16 ist ein magnetischer Impulsgeber und verwendet Hallsensoren zur Detektion der vom Geberring hervorgerufenen Magnetfeldschwankungen. Er hat zwei Kanäle, wobei jeder 16 Impulse pro Umdrehung liefert. Durch diesen äußerst einfachen Aufbau ist der IE2-16 ein absoluter Low-Cost Impulsgeber mit dennoch hervorragenden Eigenschaften.

Der IE2-512 beruht zwar auch auf einem magnetischen Prinzip, unterscheidet sich jedoch grundlegend von allen anderen Impulsgebern. Ein spezieller, magnetischer Sensor tastet ein axial magnetisiertes Zahnrad ab und liefert Sinusausgangssignale. Diese werden in einem integrierten Schaltkreis (ASIC) zu 512 Impulsen pro Umdrehung weiterverarbeitet. Der IE2-512 hat zwei Kanäle, die TTL- und CMOS-kompatible Rechtecksignale mit 90° Phasenverschiebung liefern.

Dieses neue Prinzip bietet eine Reihe weiterer Vorteile: Die Geräte sind extrem kompakt, erreichen eine hohe Auflösung bis

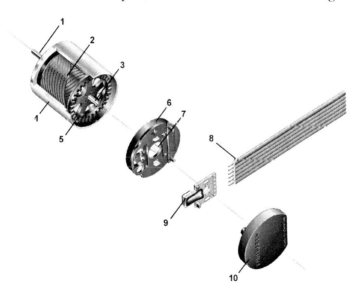

Bild 4:
Einbaubeispiel magnetischer Inkrementalgeber IE2-512

1   Welle
2   Wicklung
3   Kommutator
4   DC-Kleinstmotor
5   Magnotrad
6   Bürstendeckel
7   Bürsten
8   Flachbandkabel
9   Sensorelektronik
10 Deckel

Rotorlagen-Erfassung

2048 Schritte pro Umdrehung, was einer Winkelauflösung von unter 0,2° entspricht, sind unempfindlich gegen Staub, Schmutz und Lichteinfall, haben lange Lebensdauer, keine Alterung von Bauelementen sowie kleinste Massen und Gewichte. Sie benötigen keine Pull-up Widerstände, ihre Push-pull-Ausgangsstufen erzeugen symmetrische Schaltflanken und die Signale sind CMOS- und TTL-kompatibel. Die Drehgeber benötigen wenig Strom, bieten umfangreiche Kombinationsmöglichkeiten und sind preisgünstig im Vergleich zu konventionellen Impulsgebern (Bild 4).

4.3 Absolutwertgeber

Konventionelle Absolutwertgeber, wie sie an großen Motoren verwendet werden, bestehen in der Regel aus Scheiben, auf denen in mehreren parallelen Spuren die Positionen als digitaler Code verschlüsselt sind. Sie werden normalerweise optisch ausgelesen. Für die Anwendung in Kleinst- und Mikromotoren sind sie viel zu groß; sie benötigen ein Vielfaches des Bauraums solcher Motoren. In neuester Zeit gibt es jedoch auch für die Kleinstmotorentechnik Alternativen. Es wurden integrierte Schaltungen entwickelt, die Arrays aus Hallsensoren samt einer ausgeklügelten Interpolationselektronik enthalten. Zur Positionserkennung genügt ein kleiner zweipoliger Magnet auf der Rotorachse. Auf diese Weise sind extrem kompakte Absolutgeber möglich, die auch eine vergleichsweise hohe Auflösung bieten. Die Positionsinformation wird bei diesem Geber über eine einfache serielle Schnittstelle an die Steuerung übermittelt (Bild 5).

Was mit einem solchen Geber möglich ist, soll am Beispiel des Faulhaber-Motors der Serie 0622 ... B gezeigt werden. Bei einem Außendurchmesser von 6 mm erreicht er eine Auflösung von 64 Schritten pro Umdrehung. Der Geber erlaubt es, den 6-mm-Antrieb von geringsten bis höchsten Geschwindigkeiten drehzahlgeregelt zu betreiben. Auch eine Positionsregelung ist damit möglich. Gegenüber der einfachen Hallsensorlösung kann die Drehzahl um

Bild 5:
Mikromotorgeeigneter Absolutwertgeber mit intergriertem Hallsensor-Array für Bürstenlos-Motor Serie 0622 ... B

den Faktor 10 genauer ausgeregelt werden. Ein Geber mit hoher Auflösung ermöglicht außerdem die so genannte Sinuskommutierung, die der Blockkommutierung deutlich überlegen ist. Auf sie wird in einem späteren Kapitel noch eingegangen.

4.4 Tachogeneratoren

Ein Tachogenerator ist ein elektrischer Generator, dessen Spannung streng proportional zur Antriebsdrehzahl ist. Insbesondere bei Drehzahlregelung eignet sich das Prinzip sehr gut zur Erfassung des Istwertes. Tachogeneratoren spielen bei Kleinst- und Mikromotoren keine Rolle und werden hier nur der Vollständigkeit halber erwähnt. Sie werden erst bei größeren Motoren ab ca. 22 mm Durchmesser eingesetzt. Ein Hauptvorteil: An Tachogeneratoren kann man ohne Verstärker mehrere Messinstrumente anschließen. Tachogeneratoren werden in Gleich- und Wechselstromausführung gefertigt.

Gleichspannungsgenerator

Bei Gleichspannungstachogeneratoren rotiert der Anker mit der zu messenden Drehzahl im Feld eines feststehenden Permanentmagneten. Der aus Weicheisen gefertigte Anker trägt eine oder mehrere Spulen. Die Anschlüsse der Spulen werden zum lamellierten Kommutator geführt. Dort greifen federnde Kontakte die induzierte Spannung ab. Es entsteht so eine gleichgerichtete Ausgangsspannung, die aus sinusförmigen Halbwellen zusammengesetzt ist. Dem Vorteil des einfachen Aufbaus derartiger Gleichspannungsausführungen stehen die Nachteile der Störanfälligkeit durch den mechanischen Abgriff der Messspannung und derern starker Welligkeit gegenüber.

Bessere Eigenschaften haben bürstenlose Gleichstromtachos. Sie ähneln in ihrem Aufbau EC-Motoren. Mit Kunstgriffen erzeugt man in ihnen drei Trapezspannungen, in dem man den Sinuskurven das Dach „abschneidet". Die negativen Halbwellen werden nach oben geklappt. Aus den geeigneten waagrechten Teilstücken der Dächer wird elektronisch ein sehr lineares Drehzahlsignal zusammengesetzt.

Wechselspannungsgenerator

Hierbei wird die Anker-Spule an Schleifringe angeschlossen, die wiederum über federnde Kontakte eine Wechselspannung liefern. Diese wird gleichgerichtet. Solche Generatoren haben eine hohe

Rotorlagen-Erfassung

Lebensdauer, die normalerweise im Bereich der Gesamtsysteme liegen. Sie sind somit wartungsfrei. Die angegebenen Nennspannungen sind 5 bis 200 V bei 1.000 U/min, abhängig von der Enddrehzahl, bei einer Belastbarkeit von bis zu 300 mA. Der Nachteil des Wechselspannungsgenerators ist die hohe Welligkeit des Ausgangssignals, die eine Geschwindigkeitsregelung erschwert. Verbesserungen bringen hier Drehstromgeneratoren, die ähnlich aufgebaut sind, aber nach der Gleichrichtung der drei Phasen naturgemäß eine deutlich kleinere Welligkeit haben.

4.5 Sensorlose Erfassung

Bei sehr kleinen Motoren, die heute bis herunter zu einem Außendurchmesser von 1,9 mm angeboten werden, stellt sich jedoch noch eine weitere Problematik: Der Bauraum ist einfach zu klein für Hallsensoren oder Geberscheiben. Die Sensorik würde mehr Volumen belegen als der Antrieb selbst. Abhilfe schafft hier allein die so genannte sensorlose Datenerfassung. Bei bürstenlosen DC-Motoren wird dazu oft die rückinduzierte Spannung (Gegen-EMK) aufbereitet und ausgewertet. Dadurch gelingt es, sowohl Signale zu gewinnen, die für die Kommutierung der Motoren nötig sind, als auch Signale, die die Drehzahlinformation enthalten. Dies spart Kosten für den Geber, funktioniert allerdings erst über einer bestimmten Drehzahl.

Prinzipiell gibt es verschiedene Ansätze, um sensorlos ein Steuersignal zu erzeugen. Bei der Methode „Integration über den Fluss" (open flux integration) wird der magnetische Fluss im Motor über die grundsätzlichen Gesetze ermittelt und daraus die benötigte Steuergröße gewonnen. Dafür ist allerdings die vollständige Darstellung des Motors mit seinem magnetischen Fluss erforderlich.

Die zweite Möglichkeit sind Kalmanfilter, benannt nach dem ungarisch-amerikanischen Mathematiker Rudolf Emil Kalman. Dieser „stochastische Zustandsschätzer für dynamische Systeme" dient zum direkten Lösen von Differenzialgleichungen unter Berücksichtigung von auftretenden Fehlern. Mit ihm lassen sich sehr stabile Regelungen aufbauen, Nachteil ist aber der hohe Rechenaufwand. Auch die erforderlichen sehr präzisen Angaben der Parameter des jeweiligen Motors sind in der Serienpraxis nicht leicht zu erfüllen.

Ausgangspunkt für die vektororientierte Steuerung (FOC = Field Orientated Control) ist die Messung des Stromes in den Strängen des Motors. Der gemessene Stromvektor wird mit den Vorgaben verglichen und entsprechend der gewünschten Drehzahl nachgeregelt. Vorteil hierbei ist, dass die Motorparameter nicht bekannt sein müssen. Da nur die FOC-Methode unabhängig von den spezifischen Motorparametern ist, eignet sie sich besonders für die Regelung von Kleinst- und Mikromotoren.

Gängige Methoden zur Bestimmung des Rotorwinkels

Grundvoraussetzung für eine „einfache" Regelung ist die Kenntnis des Rotorwinkels, der zusätzlich zu Spannungs- und Stromverläufen der Regelung zugeführt werden muss. Zur Steuerung des Motors wird die ermittelte Phasenlage des Rotors, welche sich in der induzierten Spannung zeigt, in Bezug auf die Phasenlage der angelegten (Betriebs-)Spannung benötigt. Bei 0° Phasenverschiebung ergibt sich dann das höchste Drehmoment. Daraus folgt, dass die Regelung für einen optimalen Motorlauf, d.h. für optimalen Wirkungsgrad, auf eine möglichst minimale Phasenverschiebung ausgelegt werden muss. Für die Messung des Rotorwinkels gibt es folgende sensorlosen Methoden:

Nulldurchgang der induzierten Spannung

Wird der Motor über Pulsweitenmodulation gesteuert und ist der Sternpunkt der Motorwicklung nach außen geführt, so lässt sich der Rotorwinkel über einen Komparator ermitteln (Bild 6). Die induzierte Spannung wird nur auf positives oder negatives Vorzeichen hin untersucht, daher ergeben sich bei drei Strängen die Angaben

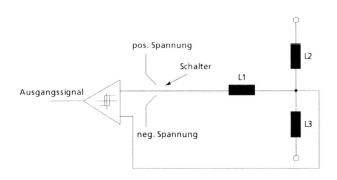

Bild 6: Rotorwinkelbestimmung über Ermittlung des Nulldurchgangs der induzierten Spannung

der Rotorposition in 60° Schritten. Für die Funktion ist es jedoch Voraussetzung, dass der zu messende Zweig stromlos ist.

Spuleninduktivität

Die so genannte INFORM-Methode basiert auf Messung der Spuleninduktivität durch Einsatz einer auf die Steuerspannung aufgesetzten Sprungfunktion. Da die Induktivität des Motors von der Stellung des Rotors und seines Flusses abhängig ist, kann so über die Induktivität eine klare Aussage über die Rotorposition gegeben werden (Bild 7). Der Vorteil: Die Rotorposition lässt sich bereits im

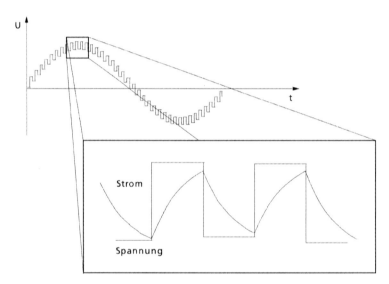

Bild 7: Rotorwinkelbestimmung über Messung der Spuleninduktivität

Stillstand ermitteln. Ihr Nachteil sind die zusätzlich aufgebrachten Oberschwingungen; außerdem funktioniert diese Methode nur bei Motoren mit einer größeren Induktivität.

Sliding mode observer

Grundprinzip dieser Methode ist die Beobachtung des Stromes und der Vergleich mit einer errechneten Größe. Ein einfaches Modell des Motors wird rechnerisch nachgebildet und die gemessene Differenz über einen Komparator mit einem konstanten Faktor bewertet. Als Ergebnis liefert die Methode ein pulsweitenmoduliertes Signal, welches über digitale Filter in eine sinusförmige Funktion umgewandelt werden muss.

Alle genannten, bekannten Methoden für die Rotorlagenerfassung sind aber für den Einsatz in Kleinstmotoren nicht sehr geeignet. Sie setzen entweder eine bei Kleinstmotoren nicht vorhandene große Induktivität oder eine hohe Rechenleistung voraus.

Alternativmethode für Kleinst- und Mikromotoren

Grundlage einer für Kleinst- und Mikromotoren geeigneten Rotorwinkelerfassung ist die einfach zu messende induzierte Gegenspannung des Motors. Diese wird in zwei Strängen des Motors ermittelt. Die Induktivität kann man dabei aufgrund ihrer geringen Größe vernachlässigen. Sie würde nur bei signifikanten Sprüngen in der Spannung einen nennenswerten Beitrag liefern. Bei geeigneter Wahl der Abtastfrequenz und des Abtastzeitpunktes hat sie praktisch keine Auswirkung auf das Messergebnis. Anders sieht es mit dem Spulenwiderstand aus. Da sich im Betrieb die Wicklung des Motors erwärmt und sich damit der Spulenwiderstand ändert, muss man

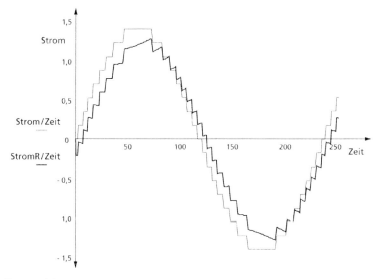

Bild 8:
Beispiel zum Widerstandseinfluss: Stromverlauf (Strom) sowie Anteil durch den Widerstand (StromR)

diese Widerstandsänderung für die Steuerung berücksichtigen (Bild 8). Bei Annahme eines festen Widerstandswertes stimmt der wirkliche Spulenwiderstand nicht mehr mit dem zur Regelung angenommenen überein. Bei zu kleinem Widerstand verschiebt sich die Phase der induzierten Spannung in Richtung der angelegten Steuerspannung, bei zu großem Widerstand dagegen in Richtung des Stromverlaufes. Dies wirkt sich vor allem bei kleinen Drehzahlen

Rotorlagen-Erfassung

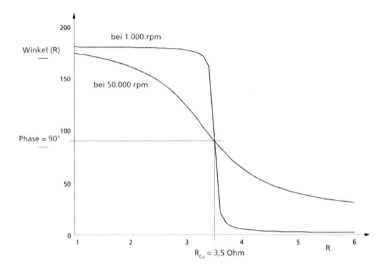

Bild 9:
Einfluss des Widerstandes bei 1.000 bzw. 50.000 U/min. Vor allem bei kleinen Drehzahlen sind die möglichen Fehler enorm.

aus, da hier der Winkel zwischen Strom und Spannung sehr klein ist (Bild 9).

Drehzahlregelung

Je nach verwendeter Ansteuerung muss man auch die Drehzahl des Motors für eine Drehzahlregelung ermitteln. Bei synchroner Ansteuerung kann bei bekanntem Rotorwinkel die Drehzahl über die Änderung des Winkels in einer definierten Zeit errechnet werden. Wobei die Winkelbeschleunigung vom System vorgegeben wird und damit die Drehzahl fest ist. Bei Systemen ohne Winkeländerung (konstante Drehzahl) kann der Verlauf des Signales erfasst und

Bild 10:
Drehzahlmessung über die Ermittlung der Periodenzeit

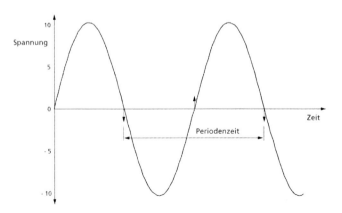

dadurch die Periodenzeit ermittelt werden (Bild 10). Hierzu müssen aber eindeutige Übergänge vorliegen; bei sinusförmigen Signal bietet sich dafür der Übergang von positiver zu negativer Spannung an.
Geht man nun von der induzierten Spannung aus und betrachtet die Phasenverschiebung zwischen angelegter und induzierter Spannung,

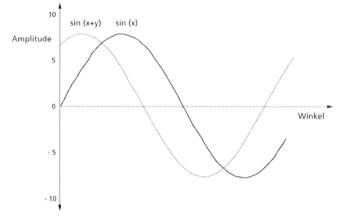

Bild 11:
Phasenverschiebung zweier Sinusfunktionen

kann man auch hier die Phasenverschiebung gegen 0 regeln (Bild 11). Bei dieser so genannten SINCOS-Methode wird die Drehzahl durch die sich ergebende Phasenverschiebung gesteuert. Ist die Phasenverschiebung gleich null, bedeutet dies entweder Motorstillstand oder konstante Drehzahl. Die Drehzahlregelung ändert dann die Spannung so lange, bis sich eine Phasenverschiebung ergibt und der Motor auf die gewünschte Drehzahl gefahren wird. Bei Stillstand bzw. niedrigen Drehzahlen ist die induzierte Spannung sehr gering und sensorlos nur schwer zu erfassen. Man behilft sich damit, beim Anlauf des Motors die Betriebsspannung auf einen festen Anfangswert einzustellen und den Motor so mit konstanter Beschleunigung in Drehzahlregionen hochzufahren, bei der die induzierte Spannung sicher zu messen ist.

Rotorlagen-Erfassung

5 Ansteuerung von Motoren

Bei Elektromotoren unterscheidet man drei verschiedene Arten der Ansteuerung. Man spricht vom Ein-, Zwei- oder Vier-Quadrantenbetrieb. Das bezeichnet die Art und Weise, wie bei einem angeschlossenen Motor die Energie zu- bzw. abgeführt wird. Der Name kommt vom Koordinatensystem, in dem die vier Felder für die Drehrichtung (Rechts- oder Linkslauf) und die Betriebsart (Motor- oder Bremsbetrieb) stehen. Für den Ein-Quadrantenbetrieb, der Motor läuft nur in einer Richtung, wird dem Motor im einfachsten Fall Strom mit einem Ein-/Ausschalter zugeführt. Soll der Motor vorwärts und rückwärts laufen, so benötigt man eine Zwei-Quadranten-Ansteuerung, zum Ein-/Ausschalter kommt bei Gleichstrommotoren dann noch ein Umpolschalter hinzu. Möchte man zudem die Möglichkeit haben, den Motor in beiden Laufrichtungen auch zu bremsen, so spricht man vom Vier-Quadrantenbetrieb.

Je nach Motorausführung sind unterschiedliche Ansteuerungsvarianten möglich bzw. notwendig. So können DC-Motoren einfach über eine Veränderung bzw. Umpolung der Betriebsspannung geregelt werden. Üblicherweise setzt man dazu Linear- und Pulsweitenregler ein. Für den Bremsbetrieb wird der Motor meist einfach kurzgeschlossen, bei stärkeren Motoren wird auch über einen externen Bremswiderstands gebremst. Will man die Bremsenergie nicht einfach verheizen, sondern in die Quelle zurückspeisen, steigt der Schaltungsaufwand. Elektronisch kommutierte Motoren benötigen als Drehstrommotoren eine spannungs- und frequenzvariable Stromversorgung. Bei Schrittmotoren sind einzelne definierte Impulse auf die jeweiligen Spulenstränge nötig.

Generell können Ansteuerungen nach der Komplexität in der Anwendung unterschieden werden. Um den verschiedenen Anforderungen zu genügen, werden unterschiedliche Schaltungs-Topologien verwendet. Obwohl man Schalter und Regelungen durchaus auch rein mechanisch aufbauen kann und diese Lösung in der Vergangenheit zu hoher Reife entwickelt wurde, sind bei jetzigem Stand der Technik elektronische Steuerungen kostengünstiger und auch weitaus exakter. In der Praxis sind heute durchweg nur noch elektronische Schalter und elektronische Regelungen im Einsatz, auf die Darstellung der mechanischen Komponenten wird daher im Rahmen des Buches verzichtet.

Ansteuerung von Motoren

5.1 Grundschaltungen zur Ansteuerung von DC- und EC-Motoren

Im einfachsten Fall muss ein DC-Motor nur elektronisch ein- und ausgeschaltet werden. Dann kommt man von der mechanischen Grundschaltung mit einfachem Ein/Aus-Schalter (Bild 1) auf die Transistorschaltung (Bild 2).

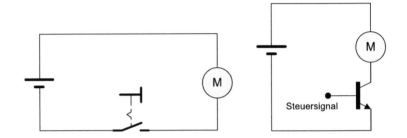

Bild 1 (links): Mechanischer Schalter zum Ein-/Ausschalten des Motors

Bild 2 (rechts): Transistor zum Ein-/Ausschalten des Motors

Vorteil des Transistors ist die prell- und verschleißfreie Schaltmöglichkeit sowie die Fähigkeit, sehr schnell hintereinander schalten zu können. Soll neben Ein/Aus der Motor nicht nur frei auslaufen, lediglich durch Reibung gebremst, sondern elektrisch abgebremst werden, so benötigt man die sogenannte Halbbrückenschaltung.

Halbbrückenschaltung

Bei der Halbbrücke (Bild 3) läuft der Motor nach dem Abschalten nicht frei aus, sondern kommt durch Kurzschließen der Motorwicklung möglichst schnell zum Stehen. Die durch die Rotation im Motor gespeicherte Energie wird dabei in der Motorwicklung oder

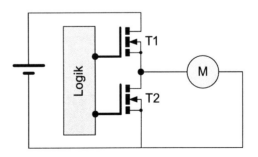

Bild 3: Halbbrückenschaltung

auch in einem externen Widerstand „verheizt", der Motor läuft dabei kurzzeitig als Generator. Diese kostengünstige Art der Ansteuerung wird bei vielen einfachen Anwendungen gerne eingesetzt u.a. auch aus Sicherheitsgründen, um die Gefahr durch nachlaufende Maschinenteile zu minimieren.

H-Brückenschaltung

Möchte man den DC-Motor auf elektronische Weise in beiden Drehrichtungen (Zwei-Quadrantenbetrieb) betreiben, so sind zwei Halbbrückenschaltungen nötig. Dies führt zur H-Brückenschaltung, auch Vollbrückenschaltung bzw. einfach Brückenschaltung genannt (Bild 4). Bei dieser Schaltung werden zwei Halbbrücken, eine für jede Laufrichtung des Motors benötigt. Die Elektronik polt durch Ansteuerung der jeweiligen Halbbrückenschaltung die Betriebsspannung für den Motor um; das Prinzip bleibt das gleiche wie bei der Halbbrückenschaltung.

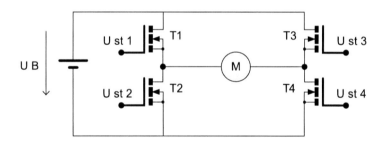

Bild 4:
(Voll-) Brückenschaltung

Dreifach-Halbbrückenschaltung

Kleinstmotoren sind unter einer bestimmten Größe nur noch als elektronisch kommutierte Motoren herstellbar. Mechanische Kommutierungssysteme lassen sich bei diesen Motoren nicht mehr in der passenden Baugröße produzieren; sie würden zu viel Platz wegnehmen. Sinnvoll ist daher, solche Motoren ähnlich einem Drehstrom-Synchronmotor aufzubauen und die Gleichstromversorgung elektronisch zu kommutieren. Man spricht dann von einem EC-Motor, der bereits in einem früheren Kapitel beschrieben wurde. Da diese Motoren ohnehin Kommutierungstransistoren benötigen, ist es sinnvoll, diese Transistoren auch für die Regelung zu verwenden. EC-Motoren benötigen prinzipbedingt eine Ansteuerschaltung, die

Ansteuerung von Motoren

jede der drei Anschlussstränge sowohl mit dem Minuspol als auch mit dem Pluspol verbinden kann. Diese so genannte Dreiphasenschaltung erfordert drei Halbbrücken (Bild 5), um jede Spule richtig ansteuern zu können. Dieser Aufbau wird im einfachsten Fall nur dazu benutzt, die Motorwicklungen entweder mit Spannung zu beaufschlagen oder sie kurz zu schließen.

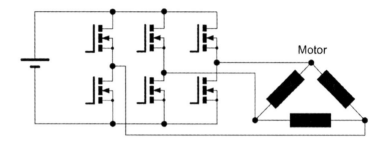

Bild 5: Dreiphasen-Halbbrückenschaltung

5.2 Prinzipien der Antriebsregelung

Möchte man Motoren mit mehr oder weniger Leistung betreiben, so müssen die elektronischen Schalter steuerbar sein. Da die Abgabeleistung eines Elektromotors von der mittleren angelegten Spannung abhängt, muss diese zur Regelung geändert werden. Dafür gibt es zwei Lösungswege, die je nach Einsatzfall Vor- und Nachteile aufweisen:

Lineare Regelung

Bei diesem Regelungstyp wird die Betriebsspannung analog gesteuert. Das kann in der Form geschehen, dass eine Halbbrücke aus einem Leistungsoperationsverstärker besteht und somit jede beliebige Spannung zwischen 0 V und der Betriebsspannung an die Wicklung abgeben kann (Bild 6). Vorteil dieser Spannungseinstellung ist ein sehr lineares Verhalten und bestmögliches EMV-Verhalten. Auch wird die Verlustleitung bei der Drehzahlregelung auf Spannungsregler und Motorwicklung verteilt. Dies kann ein entscheidender Vorteil sein, gerade bei kleinsten Motoren. Ein Nachteil ist allerdings, dass der Wirkungsgrad der Ansteuerung je nach Versorgungsspannung und Motorbetriebsspannung sehr schlecht werden kann, weil mit der Differenz zwischen Betriebs- und Versorgungsspannung Wärme erzeugt wird. Bei kleinsten Motoren spielt

Ansteuerung von Motoren

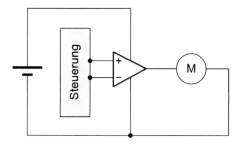

Bild 6:
Linearreglerschaltung

dies wegen der geringen Ströme und Spannungen keine nennenswerte Rolle. Um den Wirkungsgrad der Regelung aber für etwas größere Motoren zu verbessern, ist daher noch eine andere Methode der Spannungseinstellung entwickelt worden.

Pulsweitenmodulation

Für eine bessere Effizienz ohne die Verluste wie bei der linearen Regelung sind schaltende Verfahren erforderlich, ähnlich wie bei Spannungswandlern (Schaltnetzteile). Dafür eignen sich so genannte Schaltregler. Sie schalten die Betriebsspannung sehr häufig ein und aus. Je länger die Einschaltzeit um so mehr Leistung kann der Motor abgeben, kürzere Einschaltzeiten senken Leistung und Drehzahl. Bei elektrischen Motoren mit Spulen hat man zusätzlich den Vorteil, dass die motoreigene Induktivität als Filter dienen kann und so die harten Schaltimpulse glättet. Diese Einstellung der mittleren Spannung bezeichnet man als Pulsweitenmodulation (PWM). Hier hat man zwei Variablen, mit denen man die Steuerung an den jeweiligen Motor anpassen kann. Zum einen die Häufigkeit (Frequenz), mit der die Betriebsspannung ein- und ausgeschaltet wird, zum anderen die Einschaltdauer innerhalb des einzelnen Schaltintervalls.

Bei DC-Motoren wird das Tastverhältnis, also Einschaltdauer zu Ausschaltdauer, für die Regelung variiert. Das variable Tastverhältnis der PWM bestimmt die mittlere Spannung, die am Motor anliegt und damit dessen Drehzahl und Leistung. Die PWM-Frequenz dagegen wird meist auf einen festen Wert eingestellt. Sie sollte der Motorinduktivität angepasst sein. Ist die Impulsfrequenz zu niedrig für die Motorinduktivität, so funktioniert die Filterung des Stromes nicht ausreichend (Bild 7). Dadurch entstehen im Motor erhöhte Verluste, die das maximal mögliche Abgabedrehmoment verringern. Bei Kleinst- und Mikromotoren ist die motoreigene Induktivität oft

Ansteuerung von Motoren

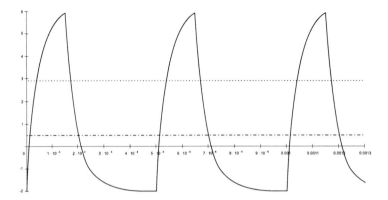

Bild 7:
Diagramm Motorstrom unter PWM

so gering, dass trotz hoher Frequenzen eine Zusatzinduktivität notwendig ist, um eine ausreichende Filterung und Glättung des Stromes sicherzustellen. Auch die bei der getakteten Regelung und niedrigen Frequenzen auftretenden Drehmomentschwankungen belasten die gesamte Antriebsmechanik zusätzlich, besonders bei Kleinstmotoren ohne „ausgleichende" Trägheit. Eine sehr hohe Impulsfrequenz hat andererseits aber nicht nur Vorteile; mit wachsender Taktrate steigen die Schaltverluste in den Transistoren.

Grundsätzlich reicht es für die Regelfunktion aus, nur die unteren Transistoren in den Halbbrücken für die Ansteuerung mit PWM auszurüsten. Das erspart Aufwand und damit Kosten der Ansteuerschaltung. Es führt aber zu regelungstechnischen Nachteilen, da die Motoren nur durch die Eigenreibung oder über Anlegen einer Gegenspannung (im Zweiquadrantenbetrieb) gebremst werden können. Die beste Ansteuertopologie entsteht, wenn alle Transistoren einer H-Brücken- (DC-Motor) oder Dreiphasenschaltung (EC-Motor) mit PWM beaufschlagt werden können. Ein voller Vierquadrantenbetrieb (DC-Motor) und eine sinusgewichtete Spannungsausgabe für bürstenlose Motoren ist mit dieser Topologie möglich.

5.3 Motorregelung in der Praxis

Die oben vorgestellten Schalttopologien und Regelungsmöglichkeiten werden in der Praxis zu unterschiedlichen Kombinationen zusammengefasst. Genügt zum Ein- und Ausschalten eines DC-Motors die Eintransistorschaltung, so ist zur elektronischen

Drehrichtungsvorgabe schon die H-Brückenschaltung nötig. Damit ergeben sich für Kleinst- und Mikromotoren folgende Möglichkeiten der Ansteuerung:

- Einfache Ansteuerungen, bei denen nur zum richtigen Zeitpunkt der Strom ein-/ausgeschaltet wird,
- Schaltungen, die die Spannung umpolen und linear oder über PWM zusätzlich regeln,
- PWM geregelte Dreiphasenansteuerung von EC-Motoren.

Bürstenlose Kleinstmotoren

Im einfachsten Fall arbeitet die Kommutierung mit zwei Spulen; einer Antriebswicklung und einer Sensorwicklung. Mit ihr wird die Rotorposition erkannt und über eine entsprechende Verstärkerschaltung die Antriebswicklung ein- und ausgeschaltet. Damit entsteht am Rotor ein gepulstes Antriebsdrehfeld. Um eine günstige Startposition für den Anlauf mit nur einer Wicklung sicherzustellen, sind in Rotor und Stator zwei kleine Magnete integriert. Sie halten durch ihr Rastmoment den Rotor bei Ruhelage in der besten Startposition fest. Natürlich ist diese einfache und billige Ausführung der Ansteuerung nur für bestimmte Anwendungsfälle geeignet, bei denen es nicht auf unterschiedliche Drehrichtung, gleichmäßiges Drehmoment oder größere Drehzahlbereiche ankommt. Wird solches gefordert, ist bei bürstenlosen Kleinstmotoren selbst für den einfachen Betrieb des EC-Motors eine Schaltung mit drei Halbbrücken erforderlich.

Standardmäßig besitzt ein EC-Motor daher drei digitale Hallsensoren, die das magnetische Feld des Rotors abgreifen und so drei digitale Signale liefern, die zueinander um 120° phasenverschoben sind (Bild 8). Über eine geeignete Logikschaltung werden die drei

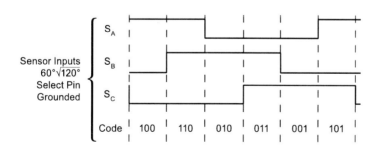

Bild 8:
Schaubild 120° Hallsignale EC Motor.

Ansteuerung von Motoren

Hallsignale in entsprechende Ansteuersignale für die sechs Ausgangstransistoren umgewandelt (Bild 9). Diese Art des Betriebes eines EC-Motors nennt man Blockkommutierung. Es entsteht ein Drehfeld, das sechs Mal pro Umdrehung um je 60° springt. Dadurch entsteht ein Drehmomentrippel. Ein erhöhtes Geräusch kann die Folge sein. Wie diese Nachteile vermieden werden können und zusätzlich der Wirkungsgrad verbessert werden kann, wird weiter unten bei Sinuskommutierung erläutert.

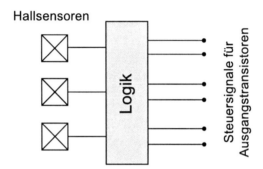

Bild 9: Schaltbild der EC-Ansteuerung

Um die Drehrichtung zu wechseln, ist nur eine Änderung in der Logikschaltung nötig, die die Reihenfolge der Impulse vertauscht. Ein zusätzlicher Logikeingang ermöglicht dann die Umschaltung der Drehrichtung. Auch ein schnelles Stoppen des Motors kann über eine ähnliche Erweiterung erzielt werden. Bausteine, die diese Funktion erfüllen und darüber hinaus noch einige Zusatzfunktionen bieten, wie Strombegrenzung und einfache Drehzahleinstellung, sind zum Beispiel der MC33035 von ON Semiconductor oder der L6235 von ST Microelectronics.

Um Kosten zu sparen, werden bürstenlose DC-Motoren oft durch Ausnützung der rückinduzierten Spannung (Gegen-EMK) angesteuert. Dadurch kann man sich die drei Hallsensoren und die dazu nötige Verdrahtung ersparen. Man erkauft sich dadurch aber den Nachteil, dass die Elektronik erst beim Hochfahren des Motors herausfinden kann, wo der Rotor gerade steht. Ein Anlauf mit maximaler Geschwindigkeit und maximalen Drehmoment ist so nicht möglich. Für viele Dauerläufer reicht das aber aus. Auch hierfür haben diverse Halbleiterhersteller entsprechende integrierte Schaltungen entwickelt. Ein Beispiel ist der TDA5145TS von

Philips, der die Endstufentransistoren bereits enthält und somit eine Single Chip Ansteuerlösung bietet.

Ansteuerung allerkleinster EC-Motoren

Bei den kleinsten Motoren sind nicht einmal Hallsensoren zur Erfassung der Rotorposition möglich. Zudem ist auch die rückinduzierte Spannung bei diesen Winzlingen sehr gering. Bisher werden solche Motoren mit einer Synchronansteuerung betrieben, wobei die Spannung analog und sinusförmig vorgegeben wird. Die Synchronansteuerung entspricht einer Schrittmotoransteuerung im Mikroschrittbetrieb, die zugehörigen Motoren haben aber kein Rastmoment. Die sensorlose Ansteuerung stellt bei derart kleinen Motoren besondere Anforderungen an die Elektronik (siehe Kapitel 4, Rotorlagem-Erfassung für die Motorregelung).

Regelung der Drehzahl

In sehr vielen Anwendungen benötigt man einen Antrieb, bei dem die Drehzahl konstant gehalten wird, auch wenn sich die Last (Drehmoment) ändert. Verschärft wird die Situation, wenn dies zusätzlich bei unterschiedlichen Drehzahlen gefordert ist. In solchen Fällen ist eine Drehzahlregelung nötig. Die Struktur des dafür nötigen Drehzahlregelkreises zeigt Bild 10. Dabei ist die Qualität

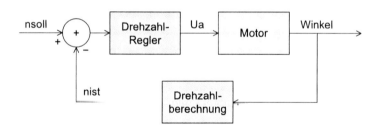

Bild 10: Schaubild Drehzahlregelkreis

einer Drehzahlregelung charakterisiert durch den Drehzahlbereich, der vorgegeben und eingestellt ist und die minimale Drehzahl, die konstant gehalten werden kann. Auch die Genauigkeit der eingestellten Drehzahl, der Gleichlauf und die Steifheit, d.h. die Schnelligkeit, mit der ein Lastsprung ausgeglichen wird, kennzeichnet die Güte einer Drehzahlregelung.

Die Qualität des Gesamtsystems „drehzahlgeregelter Antrieb" hängt ab von der Auflösung des Drehzahlistwertgebers, der Qualität

Ansteuerung von Motoren

des Reglers, also z.B. von der Abtastrate bei Digitalreglern und der Art und Auflösung der Signale bei der Ausgabe an den Motor. Um gute Regeleigenschaften zu erreichen, werden heute als Istwertgeber für die Drehzahl inkrementale Encoder mit möglichst hoher Auflösung eingesetzt. Hochwertige Regler arbeiten dabei mit leistungsfähigen Mikrocontrollern oder einem DSP (Digital Signal Processor). Die Reglerabtastraten liegen im Bereich von 100 µs bis 500 µs.

Die elektrische Energie wird dem Motor als analoge Spannung zugeführt, bei EC-Motoren als pulsweitenmoduliertes Signal auf die unteren Transistoren der drei Vollbrücken. Dabei dienen die oberen Transistoren dann nur zur langsamer verlaufenden Kommutierung. Auch eine Speisung über PWM-Signal sowohl auf die unteren als auch auf die oberen Transistoren ist möglich. Eine analoge Ausgabe ist vor allem bei extrem kleinen Motoren sinnvoll, da bei diesen Motoren die Induktivität nicht in der Lage ist, die PWM-Signale ausreichend zu filtern und außerdem die träge Masse fehlt, die Drehmomentstöße von Stromimpulsen auszugleichen. Aufgrund der geringen Antriebsleistungen ist der schlechte Wirkungsgrad in der Elektronik sekundär; es werden ja keine nennenswerten Energiemengen „verheizt".

Einfache drehzahlgeregelte Antriebe

Um DC-Motoren einfach und damit kostengünstig in der Drehzahl zu regeln, wird häufig folgende Konfiguration gewählt: Als Drehzahlistwertgeber wird eine so genannte I x R-Kompensation verwendet. Dabei wird durch Messung des Motorstroms und Vergleich mit einem gerechneten Motormodell auf die Drehzahl geschlossen. Als Regler kann ein kostengünstiger Mikrocontroller eingesetzt werden, der PWM-Ausgänge und einfache AD-Wandler enthält. Der Motor wird über die PWM-Signale nur durch die unteren Transistoren der zwei Halbbrücken angesteuert.

Für bürstenlose Motoren ergibt sich eine ähnlich einfache Lösung. Der Drehzahlistwert wird über drei Hallsensoren generiert. Ein Mikrocontroller übernimmt die Aufgaben Kommutierung, Drehzahlregler und Schnittstelleninterface und steuert über PWM-Signale die unteren Transistoren der drei Halbbrücken. Noch kostengünstiger geht es, wenn die Motoren sensorlos betrieben werden können. Der Drehzahlistwert wird dann aus den Kommutierungszeitpunkten errechnet. Ein Mikrocontroller übernimmt die sensorlose Kommutierung und die Regelung, wobei ein erhöhter

Rechenaufwand für die sensorlose Kommutierung einzukalkulieren ist. Die PWM-Ausgabe steuert auch hier die unteren Transistoren der drei Halbbrücken. Man erkennt, dass der Unterschied im Schaltungsaufwand zwischen DC-Motoren und EC-Motoren schwindet. Das bedeutet, sobald eine Drehzahlregelung notwendig ist, sollten bürstenlose Motoren mit ihrer höheren Zuverlässigkeit und Lebensdauer in Erwägung gezogen werden.

Drehzahlregelung mit gehobenen Eigenschaften

Eine gute Drehzahlregelung bedeutet: eine hohe Auflösung des Drehzahlistwertes, ein schneller und ausgeklügelter Regler, eine hohe Auflösung der Motorströme und geringe Drehmomentschwankungen (Rippel) am Motor. Für einen hochauflösenden Drehzahlistwert sind entsprechende Encoder nötig. Neben den Encodersystemen, die im Kapitel „Encoder" vorgestellt wurden, gibt es für Mikroantriebe noch weitere Möglichkeiten, beispielsweise die Verwendung von analogen Hallsensoren bei EC-Motoren und die Auswertung ihrer Signale in einem digitalen Signalprozessor (DSP) oder einem schnellen Mikrocontroller. Je nach dem Aufwand, den man in die Kompensation von Fehlern in den Ursprungssignalen steckt, kann man so sehr gute Drehzahlistwerte berechnen, ohne die Kosten des Systems in die Höhe zu treiben. Analoge Hallsensoren ermöglichen außerdem eine sinusförmige Kommutierung, wodurch der Drehmomentrippel auf ein Minimum reduziert wird. Diese so genannte Sinuskommutierung verhindert die bei Blockkommutierung übliche Geräuschentwicklung und verbessert den Wirkungsgrad. Über den Einsatz von Single-Chip-Absolutgeberbausteinen (siehe Kapitel 4 Rotorlagen-Erfassung) ist es ebenfalls möglich, gute Geberauflösungen mit Sinuskommutierung zu kombinieren.

Wenn man die Sinus-/Cosinussignale eines MR-Sensors (Kapitel 4.2) nicht mit einem Interpolatorbaustein auswertet und in Quadratursignale umwandelt, sondern direkt in einen DSP einliest, dann ist eine Berechnung der Position in sehr hoher Auflösung möglich. Außerdem können mit diesem Verfahren auch Fehler in diesen Sinus-/Cosinussignalen kompensiert werden. Das führt zu einem sehr kompakten Drehzahlistwertgeber mit einer extrem hohen Auflösung. Beispielsweise ist heute ein 8-mm-Geber möglich, bei dem 36 Sinusperioden pro Umdrehung gegeben sind. Jede Sinusperiode kann in 2880 Schritte unterteilt werden, so dass auf über

100.000 Schritte pro Umdrehung aufgelöst wird. Mit einem derartigen Geber lassen sich auch kleinste Drehzahlen hochpräzise regeln (Bild 11). Nachteilig an solchen Systemen ist, dass sie in der maximalen Drehzahl eingeschränkt sind.

Bild 11:
8-mm-Geber für 100k Schritte/Umdrehung

Schnelle und gute Regler sind heutzutage mit digitalen Systemen erreichbar. Vorzugsweise wird ein DSP dafür eingesetzt. Noch immer gilt, je mehr Rechenleistung zur Verfügung steht, desto besser. Jedoch sollte die verfügbare Rechenleistung ideal für die Antriebslösung genutzt werden. So ist nicht unbedingt die kürzeste Abtastrate auch die beste Lösung. Es kann durchaus sinnvoll sein, eine niedrigere aber passende Abtastrate zu wählen, um die so eingesparte Rechenzeit zur Erzeugung von guten Istwertsignalen oder ausgeklügelten Regelungsalgorithmen zu verwenden.

Um eine hohe Ausgabeauflösung zu erreichen, sollte die PWM-Auflösung möglichst hoch sein. Auch muss die PWM-Frequenz auf die Motorinduktivität abgestimmt sein. Das führt bei

Mikroantrieben zu enormen Anforderungen an die PWM-Generierung. So ist beispielsweise eine PWM-Frequenz von 80 kHz bei einer PWM-Auflösung von 500 Schritten durchaus üblich. Der PWM-Generator muss dafür mit 40 MHz getaktet werden.

Geringe Drehmomentrippel am Motor sind bei DC-Motoren nur mit einer hohen Teiligkeit, also einer möglichst gleichmäßigen Aufteilung der Stromimpulse in viele kleine Abschnitte, sprich hoher Frequenz realisierbar. Das ist bei Kleinst- und Mikroantrieben üblicherweise eine enorme Herausforderung. Die Sinuskommutierung eröffnet hier einen Weg, den Rippel nahezu vollständig zu vermeiden. Deshalb scheint ein bürstenloser Motor, der mit Sinuskommutierung betrieben wird, die Wahl der Zukunft. Werden sehr hohe Anforderungen an den Gleichlauf gestellt, so ist neben den oben genannten Punkten eine Schwungmasse an der Motorwelle oft die wirksamste und gleichzeitig einfachste Lösung. Voraussetzung ist allerdings, dass eine entsprechende Schwungmasse auch angebracht werden kann. Da man damit auch an Dynamik verliert, ist ein geeigneter Kompromiss zu suchen.

Positionsregelung und komplexe Ansteuerungen

Um eine Positionsregelung vernünftig betreiben zu können, ist eine entsprechende Kommunikationsschnittstelle notwendig. Ansonsten gelten ähnliche Bedingungen, wie bei der Drehzahlregelung. Üblicherweise wird bei Kleinst- und Mikroantrieben die Position mit einer Kaskadenstruktur geregelt (Bild 12). Der innere Regelkreis stellt den Drehzahlregler dar und der äußere Regelkreis ist der Lageregler. Während für den Drehzahlregler sinnvollerweise ein PI-Regler eingesetzt wird, reicht für die Lageregelung schon ein P-Regler aus, um keine bleibende Regelabweichung zu bekommen.

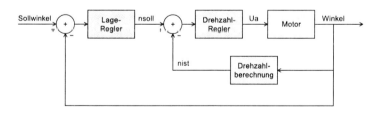

Bild 12:
Schaubild
Kaskadenregelung für
Drehzahl und Lage

Ansteuerung von Motoren

Motion Controller

Komplexe Positioniersysteme mit sehr flexiblen Einstellmöglichkeiten und Funktionen nennt man Motion Controller. An ihn können verschiedene Motorvarianten angeschlossen werden. Mit Motion Controllern ist sowohl Positions- als auch Drehzahlregelung möglich; verschiedene Modi für Positions- bzw. Drehzahlregelung sind einstellbar. Beispielsweise sind folgende Modi möglich:

- Drehzahlregelung mit analoger Spannung als Solldrehzahlvorgabe,
- Drehzahlregelung mit digitaler Sollwertvorgabe,
- Positionsregelung mit Sollwertvorgabe über digitale Schnittstelle oder über Quadraturencoder (gearing-mode), RS232-Schnittstelle oder CAN-Bus als Kommunikationsinterface.

Aber auch Drehzahlprofile bei Positionierung mit einstellbarer Beschleunigung, Maximaldrehzahl und einstellbaren Bremsrampen sowie Strombegrenzungsfunktionen, thermischer Schutz vor Überlast oder Sinuskommutierung bei Bürstenlosmotoren gehören heute zum Standard. Konfigurationen und Mode-Einstellungen in nichtflüchtigen Speicher ablegen, Berücksichtigung von Endschaltern und Indexsignalen sind bei gehobenen Ausführungen ebenfalls möglich. Meistens werden solche Motion Controller zusammen mit einer komplexen Software für eine leichte Programmierung am PC ausgeliefert (Bild 13). Damit sind auch Testläufe der geplanten Regelung ohne Hardware möglich, um Fehler schon im Vorfeld zu erkennen.

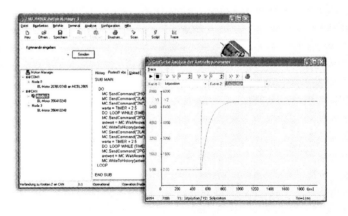

Bild 13: Screenshot Motion Manager 3

Anwendungsspezifische komplexe Ansteuerungen

Neben den Motion Controllern, die als möglichst universelle Ansteuerung für DC- und EC-Motoren konzipiert sind, existieren auch spezielle Ansteuerungen, die anwendungsspezifisch entwickelt wurden. Hier steht die Erfüllung einer bestimmten Anwendung im Vordergrund. Dazu verwendet man oft spezielle, sehr komplexe Regelmechanismen, die auf die spezielle Anwendung hin optimiert sind. Durch diese Spezialisierung sind bestimmte Anwendungslösungen erst möglich geworden. Zielsetzungen in solchen Anwendungen können beispielsweise sein: extrem kurze Positionierzeiten, sehr hohe Genauigkeiten, Abfahren von bestimmten Positionierprofilen mit möglichst guten Regeleigenschaften oder spezielle anwendungsspezifische Kommunikationsprotokolle. Anstatt sehr universell zu sein, sind diese anwendungsspezifischen Antriebssysteme nur für das eine Antriebssystem und die spezielle Aufgabe optimiert. Dort muss das System allerdings besonders gut funktionieren.

Ansteuerung von Motoren

6 Getriebe

Bei Kleinantrieben ist das Drehmoment naturgemäß sehr begrenzt, darum „holen" sie ihre Leistung aus hohen Drehzahlen; denn wie in Kapitel 1 gezeigt, ist die Leistung eines Motors proportional dem Produkt aus Drehmoment und Drehzahl. Viele Anwendungen fordern aber eine niedrige Drehzahl und ein hohes Drehmoment. Angepasste Kleingetriebe bieten hier einen Weg die Drehzahl zu reduzieren und – von den Verlusten abgesehen – das Drehmoment im gleichen Maß anzuheben. Am weitesten verbreitet sind dabei zwei Getriebetypen: Stirnradgetriebe und Planetengetriebe.

6.1 Allgemeine Grundlagen

Für die Genauigkeit des Antriebes spielt das so genannte Getriebespiel eine große Rolle. Dieses ist definiert als der Wert, um den die Weite des Zahnzwischenraumes die Weite der in Eingriff befindlichen Zähne auf dem Wälzkreisdurchmesser übersteigt (Bild 1). Es dient dazu, ein Verklemmen der Zahnräder zu vermeiden, wenn beide Seiten der Zähne gleichzeitig Kontakt bekommen. Dieses Getriebespiel darf nicht mit der Elastizität oder Torsionssteifigkeit des Systems verwechselt werden. Diese beiden Werte geben die Steifigkeit des Getriebes unter unterschiedlicher Last an, also bei Berührung der Zahnradflanken. Das Getriebespiel dagegen ist die Strecke, die man das Getriebe drehen kann, ohne dass die Zahnräder im Eingriff sind.

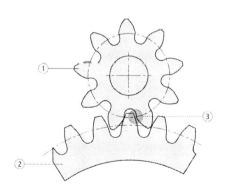

Bild 1:
Schaubild
zum Getriebespiel

1 Antriebsritzel
2 Abtriebsritzel
3 Getriebespiel

Für die Funktion ist ein Mindestmaß an Spiel wichtig. Es fängt die thermische Ausdehnung und Herstellungstoleranzen der Komponenten auf und verhindert so, dass sich Zahnräder verklemmen. Das Spiel selbst kann bei blockierter Antriebsseite an der Abtriebswelle gemessen werden. Dazu wird das Getriebe zuerst in die eine Richtung gedreht und dann in die Entgegengesetzte. Das Spiel ergibt sich dann aus der Summe der Spiele der einzelnen Zahnradpaarungen.

6.2 Stirnradgetriebe

Stirnradgetriebe werden heute im Allgemeinen als Ganzmetallkonstruktionen ausgeführt. Lange Lebensdauer bei gleichmäßigem und ruhigem Lauf zeichnen sie aus (Bild 2). Sie sind speziell gefragt in Einsatzbereichen, bei denen es auf höchsten Wirkungsgrad des Antriebs ankommt. Ihre Montage ist denkbar einfach, der Motor sollte zur Montage ganz langsam drehen, dann reicht einfaches Zusammenstecken der beiden Teile. Das Motorritzel spurt dabei in das Gegenzahnrad selbsttätig ein. Je nach Ausführung werden Stirnradgetriebe mit Gleit- oder Kugellagern und mit einer Lebensdauerschmierung versehen.

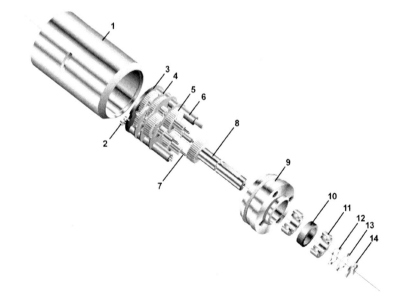

Bild 2:
Schaubild
Explosionszeichnung
Stirnradgetriebe

1 Gehäuse
2 Schraube
3 Endplatine
4 Zwischenplatine
5 Zwischenabtrieb
6 Distanzhülse
7 Stift
8 Abtriebswelle
9 Deckel
10 Zwischenring
11 Kugellager
12 Federscheibe
13 Scheibe
14 Sicherungsscheibe

In Fällen, bei denen es auf besonders exaktes Positionieren ankommt, wird als Sonderbauform ein so genanntes spielarmes Getriebe eingesetzt. Hier sind die Zahnräder unter leichter Vorspannung eingebaut. Dabei berühren sich beide Zahnflanken der in Eingriff stehenden Zähne der Getrieberäder (Bild 3). So kann spielfrei ohne Totgang sowohl vorwärts wie rückwärts die Kraft übertragen werden. Aufgrund von Herstellungstoleranzen haben diese Getriebeausführungen eine unregelmäßigere innere Reibung und eine geringere Lebensdauer. Durch die spielfreie Anordnung ist die Schmierung und die thermische Ausdehnung ebenfalls kritischer als

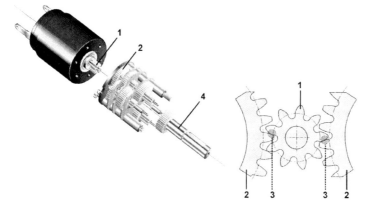

Bild 3:
Zeichnung spielarme Verzahnung

1 Motorritzel
2 Zahnräder der Eingangsstufe
3 Spielarm vorgespannt
4 Abtriebswelle

bei der Normalausführung. Daher ist eine definierte Vorspannung sehr wichtig, da bei den kleinen zur Verfügung stehenden Antriebsleistungen der Motoren jeder Wirkungsgradabfall durch Verspannungsänderung im Antriebsstrang die nutzbare Endleistung merklich verringert.

6.3 Planetengetriebe

Die Vorgaben für die Planetengetriebe sind anspruchsvoll: hohes Drehmoment bei kleinstem Bauraum, Temperaturbeständigkeit, optimierter Wirkungsgrad und Geräuscharmut sind nur die Wichtigsten. Die grundlegende Bauart besteht aus einem Zahnradsatz, der von innen nach außen aus dem Sonnenrad, dem Planetenträger (auch Steg genannt) mit den Planetenrädern und dem Hohlrad mit Innenverzahnung besteht (Bild 4).

Getriebe

*Bild 4:
Schaubild Explosionszeichnung Planetengetriebe*

1 Motorflansch
2 Innenverzahntes Gehäuse
3 Satellitenträger
4 Sonnenrad
5 Scheibe
6 Satellitenrad
7 Zylinderstift
8 Abtriebswelle
9 Deckel
10 Zwischenring
11 Sprengring
12 Kugellager
13 Federscheibe
14 Scheibe
15 Sicherungsscheibe

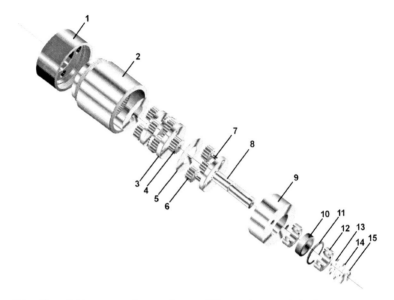

Die Funktionsweise eines Planetengetriebes

Die Funktionsweise eines Planetengetriebes lässt sich relativ leicht verstehen, wenn man es gedanklich auf das Stirnradgetriebe zurückführt. Dort treibt ein außenverzahntes Zahnrad ein zweites, ebenfalls mit Außenverzahnung. Genauso kann ein Außenzahnrad ein innenverzahntes Hohlrad antreiben. Setzt man nun zwischen Antriebszahnrad (Sonnenrad) und Hohlrad ein weiteres Zahnrad (Planetenrad), dann liegen bei richtiger Wahl der Durchmesser die Drehachsen von Sonnen- und Hohlrad auf der gleichen Raumlinie. Das Planetenrad bewirkt zunächst weiter nichts, als die Umfangsgeschwindigkeit des Sonnenrads 1 zu 1 auf das Hohlrad zu übertragen und außerdem die Bewegungsrichtung umzukehren.

Dennoch hat der Aufbau einige Vorteile: Zum einen spart das Ineinanderbauen der Zahnräder Platz. Der Hauptvorteil kommt vor allem bei größeren Drehmomenten zum Tragen: Die Zahl der Planetenräder kann erhöht werden, um die Last auf mehrere „Schultern" zu verteilen, Leistungsverzweigung ist hierzu der Fachbegriff. Im Gegensatz zum hier gedachten Planetengetriebe werden in reellen Ausführungen jedoch meist nicht die Planetenachsen festgehalten, sondern das Hohlrad, das man somit ins Gehäuse integrieren kann. Zum Abtrieb dient der sich dann bewegende Planetenträger.

Planetengetriebe haben koaxial verlaufende Ein- und Ausgangswellen. Vorteile von Planetengetrieben gegenüber anderen Getriebebauarten zur Drehzahl- und Momentenumwandlung sind ihre kompakte Größe bei vergleichbarer Übersetzung. Dies beruht darauf, dass die Last über mehrere Planeten (drei oder mehr) verteilt wird. Zudem sind koaxiale Drehzahlumwandlungen möglich, die gerade bei Kleinantrieben eine kompakte Einheit von Motor und Getriebe mit geradem Kraftfluss erlaubt.

Die Montage von Planetengetrieben ist aufwändiger als bei Stirnradgetrieben. Dazu müssen Sonnen- und Planetenräder in die richtige Position zueinander gebracht werden. Erst danach kann man das Antriebsritzel des Motors einführen.

Praktische Ausführung

Klassische Klein-Planeten-Getriebe sind aus Stahl, bei modernen Kleingetrieben wird zunehmend aus Kostengründen auch Kunststoff zum Werkstoff der Wahl. Da die Kunststoffzahnräder und zugehörige Stege selbst in allerkleinster Ausführung im kostengünstigen Spritzgussverfahren gefertigt werden können, ist der Werkstoff Kunststoff besonders geeignet für den Bau von Miniaturantrieben. Hochleistungsplanetengetriebe aus Kunststoff erreichen ihre hohe Leistung bei kompakten Abmessungen. Die große Packungsdichte der ineinander angeordneten Zahnräder erlaubt große übertragbare Drehmomente bei geringsten Abmessungen. Dank des kompakten Aufbaues lassen sich mehrere Untersetzungsstufen auf engstem Raum aneinanderbauen .

Eine angepasste Verzahnungsgeometrie vermeidet örtliche Überlastung und erlaubt dank der Elastizität des neuen Werkstoffes eine bessere Verteilung der auftretenden Kräfte auf die Zahnradflanken, also eine hohe Werkstoffausnutzung. Schädliche örtliche Spannungsspitzen sind so ausgeschlossen. Neben der Vermeidung von Spannungsspitzen muss noch auf eine möglichst gleichmäßige Belastung aller Bauteile geachtet werden. So wird der Werkstoff optimal ausgenutzt; „Arbeitsteilung" macht stark.

Die konstruktionsbedingte Leistungsverteilung auf unterschiedlich viele Planeten ist dabei günstig. In die Praxis umgesetzt ergibt sich folgender Getriebeaufbau: Am motorseitigen Eingang sind die Drehzahlen hoch und die Drehmomente klein. Der Werkstoff ist wenig belastet. Das erfordert nur eine geringe übertragende Fläche auf den Zahnrädern. Die optimierte Zahngeometrie bewältigt diese Kräfte problemlos.

Mit jeder weiteren Stufe steigt aber die Belastung der Zahnflanken an. Abhilfe schafft hier die Anzahl der Planeten pro Stufe zu erhöhen, damit wird die Last auf „mehr Schultern" verteilt. So wird beispielsweise die Anzahl der Planeten in den höher belasteten Stufen von drei auf vier oder gar fünf erhöht (Bild 5). Reicht in

Bild 5:
Lastaufteilung auf mehrere Planetenräder

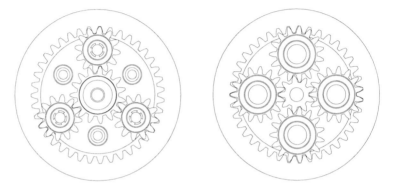

weiteren Stufen auch diese Kraftverteilung nicht mehr aus, so kann die Breite der Zahnräder vergrößert werden. Damit wird zusätzliche „Nutzfläche" geschaffen, trotz höchstem Drehmoment bleibt die Werkstoffbelastung unkritisch. Lebensdauer- und leistungsbegrenzend in diesem Konzept ist in der Praxis nur die Endabtriebsstufe, da die Zahnräder der Endstufe nicht beliebig breit ausgeführt werden können.

Für Kunststoffgetriebe wird oft Polyamid eingesetzt. Es ist erheblich weicher als Stahl; sein Elastizitätsmodul beträgt nur 1,4 % des E-Moduls von Stahl. Die Zugfestigkeit liegt mit 10 % ebenfalls um einiges niedriger. Trotzdem erlaubt der Werkstoff alle Vorgaben einzuhalten. Die Fertigungskosten lassen sich durch kostengünstigen Kunststoff-Spritzguss der einzelnen Getriebekomponenten senken, aufwändige Einzelbearbeitung wie bei Stahlrädern ist nicht nötig. Durch die richtige Materialauswahl in Verbindung mit einer optimierten Konstruktion kann die Lebensdauer dennoch problemlos die Lebensdauer von Stahlzahnradgetrieben erreichen, ja in vielen Fällen sogar übertreffen.

Wolfromgetriebe

Wolfromgetriebe sind eine Sonderform der Planetengetriebe, welche über Differenzzähnezahlen arbeiten. Sie ermöglichen bei kompakter Bauform hohe Untersetzungen in 2-stufiger Getriebeausführung. Nachteile sind allerdings ein reduzierter Wirkungsgrad und eine eingeschränkte Untersetzungsvariabilität.

Das Wolfromgetriebe wird durch das Sonnenrad angetrieben, während das Hohlrad der zweiten Stufe den Abtrieb bildet. Die Planeten sind entweder als Stufenplaneten mit unterschiedlichen Zähnezahlen für die Stufe 1 und 2 ausgeführt, oder die Zähnezahlen der Planeten sind für beide Stufen einheitlich und die Zähnezahlen der Hohlräder der Stufen 1 und 2 unterscheiden sich. Die Verzahnungsprofile sind in diesem Fall anzupassen, so dass beide Hohlräder im Eingriff mit den Planeten stehen (Bild 6).

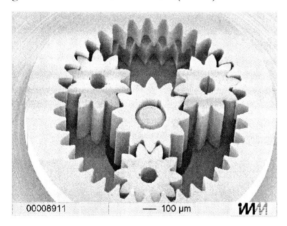

Bild 6:
Wolfrom Getriebe
(Quelle: IMM)

6.4 Andere Getriebeausführungen

Stirnrad und vor allem Planetengetriebe sind die wichtigsten Drehzahluntersetzer bei Klein- und Mikromotoren. Ein paar andere Getriebearten sollen hier jedoch auch behandelt werden, teils der Vollständigkeit halber, teils weil sie für die Klein- und Mikroantriebstechnik ebenfalls von Bedeutung sind.

Hybridgetriebe

Hybridgetriebe kombinieren die Vorteile von Stirnrad- und Planetengetrieben. Die Zahnräder der Eingangsstufen sind dabei wie im Stirnradgetriebe angeordnet (Bild 7). Die Abtriebsstufen sind

Getriebe

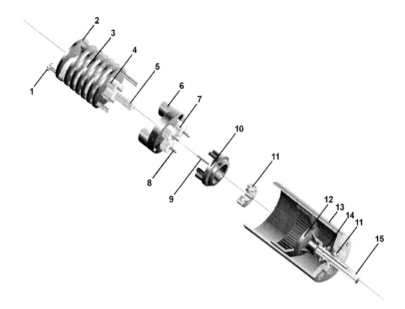

Bild 7:
Hybridgetriebe Explosionszeichnung

1 Schraube
2 Endplatine
3 Zwischenplatine
4 Zwischenantrieb
5 Sonnenrad
6 Satellitenträger
7 Satellitenrad
8 Zylinderstift
9 Stift
10 Träger
11 Kugellager
12 Innenzahnkranz
13 Gehäuse
14 Federscheibe
15 Abtriebswelle

Planetengetriebe. Vorteil der Ausführung ist die leichte Montage des Getriebes an den Motor. Wie beim Stirnradgetriebe muss der Motor bei der Montage langsam drehen und die Teile werden einfach zusammengesteckt. Das Problem des Einspurens der Ritzel wie beim Planetengetriebe besteht daher nicht.

Weitere Getriebebauformen

Sonderbauformen wie Harmonic Drive, Schnecken- oder Kegelradgetriebe kommen bei Kleinmotoren nur in Sonderfällen zum Einsatz. Das Harmonic-Drive-Getriebe hat ein außergewöhnlich hohes Übersetzungsverhältnis, kombiniert mit sehr genauer Bewegung. Das Harmonic-Drive, deutsche Bezeichnung Gleitkeilgetriebe, ist ein Getriebe mit einem elastischen Übertragungselement, das sich durch hohe Übersetzung und Steifigkeit auszeichnet (Bild 8).

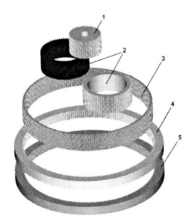

Bild 8:
Harmonic Drive Getriebe
(Quelle: micromotion)

1 Sonnenrad (Antrieb)
2 Planetenrad
3 Flex-Spline
4 Circular-Spline
5 Dynamic-Spline (Abtrieb)

Ein Harmonic-Drive-Getriebe besteht aus drei Elementen:
- Einer verformbaren zylindrischen Stahlbüchse mit Außenverzahnung, dem so genannten Flexspline.
- Einem starren zylindrischen Außenring mit Innenverzahnung, dem Circular Spline. Dessen Zähne greifen am unteren Rand mit denen des Flexspline ineinander.
- Einer elliptischen Stahlscheibe mit aufgeschrumpftem Wälzlager und dünnem verformbarem Laufring, dem Wave Generator.

Die Außenverzahnung der Stahlbüchse hat weniger Zähne als die Innenverzahnung des Außenrings. Die angetriebene elliptische Scheibe verformt die dünnwandige Stahlbüchse über den Außenring des Kugellagers. Dadurch greift die Außenverzahnung der Stahlbüchse im Bereich der großen Ellipsenachse in die Innenverzahnung des Außenrings. Hält man den Außenring fest, bleibt die Stahlbüchse, die als Abtrieb dient, bei einer Umdrehung der Antriebsscheibe entsprechend der geringeren Zahl der Zähne gegenüber dem Außenring zurück. Durch die hohen Zähnezahlen der feinen Verzahnungen erhält man sehr große Übersetzungen. Beispielsweise bei z = 200 Zähnen für die Innenverzahnung und z = 198 für die Stahlbüchse beträgt die Übersetzung 200 : 2 = 100. Bei hundert Umdrehungen der elliptischen Scheibe dreht sich die verformbare Stahlbüchse einmal. Rund 8 % der Zähne beteiligen sich an der Kraftübertragung. Zusammen mit dem hohen Übersetzungsverhältnis von 160 : 1 und mehr ist das Harmonic Drive sehr steif und hat ein geringes Spiel. Je nach Ausführung ist die Positioniergenauigkeit besser als 30". Das Getriebe ist kompakt und wartungsfrei. Ältere Ausführungen erreichten durch schlechtere Materialien eine reduzierte Lebensdauer. Mit neuen Materialien schafft man eine ebenbürtige Lebensdauer wie mit konventionellen Getrieben. Ein Harmonic Drive wird für Achsantriebe bei Robotern, Antriebe in Flugsimulatoren, die Nachführung von großen Parabol-Antennen und in Antrieben von Druckmaschinen eingesetzt. Bild 8 zeigt die für Kleinstgetriebe ausgeführte Variante des Harmonic-Drive-Getriebes.

Charakteristisches Merkmal von Kegelradgetrieben sind die winklig zueinander stehenden An- und Abtriebswellen, deren Achsen einen gemeinsamen Schnittpunkt besitzen. Die Kraftübertragung geschieht durch so genannte Kegelräder. Vorteil dieser

Konstruktion ist die Umlenkung des Kraftflusses. So kann bei beschränktem Bauraum in axialer Antriebsrichtung der Motor um einen beliebigen, meist rechten Winkel aus der Abtriebsflucht der anzutreibenden Achse versetzt werden (Bild 9)

Ein spezielles Kegelradgetriebe ist der achsversetzte Hypoidantrieb (Bild 10). Er erlaubt eine Höhendiffrenz zwischen An- und Abtriebsachse. Dies wird aber durch eine höhere Belastung der Zahnräder durch hohe Druckkräfte und Gleitreibungsanteil erkauft. Bei Kegelradpaaren ohne Achsversatz müssen sich die Mittellinien der Kegelräder und die Mantellinien in einem Punkt schneiden, damit die Kegelräder verschleißfrei und geräuscharm aufeinander abwälzen können.

Bild 9 (links):
Kegelradgetriebe

Bild 10 (rechts):
Hypoidgetriebe

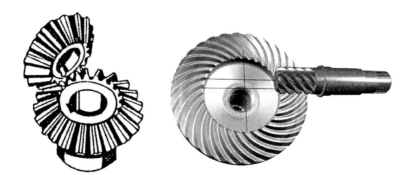

Der Vorteil des Kegelradgetriebes ist ein guter Wirkungsgrad, von Nachteil ist allerdings die hohe Empfindlichkeit gegenüber Lageveränderungen der Kegelräder, welche zu einer massiven Verschlechterung des Tragbildes und somit der Lebensdauer führen.

Das Schneckenradgetriebe ist eine Sonderform eines schrägverzahnten Zahnrades. Der Winkel der Schrägverzahnung ist so groß, dass ein Zahn sich mehrfach schraubenförmig um die Radachse windet. Der Zahn wird in diesem Fall als Gang bezeichnet. Es gibt eingängige oder mehrgängige Schnecken. Das Gegenstück zur Schnecke ist das Schneckenrad. Die Achsen der beiden sind zueinander um 90° verdreht. Das Übersetzungsverhältnis berechnet sich aus der Gang- und Zähnezahl des Schneckenrades. Es können dabei sehr große Übersetzungsverhältnisse auf kleinem Raum erreicht werden. Eingängige Schnecken sind in der Regel selbsthemmend, d.h. das Schneckenrad kann nicht gedreht werden, sondern wird durch die Schnecke blockiert. Dieser Effekt wird ausgenützt bei Getrieben, die ein Selbsthaltemoment benötigen, z.B. bei Aufzügen. Schnecken können auch nichtselbsthemmend sein, dies ist von der Reibung zwischen Schnecke und Schneckenrad abhängig (Bild 11).

Selbsthemmung bedeutet aber auch, dass mit einem Schneckengetriebe die Drehzahl nur stark reduziert und nie erhöht werden kann, d.h. Antrieb und Abtrieb können nicht vertauscht werden. Nachteilig ist auch der hohe Gleitreibungsanteil. Neben dem schlechten Wirkungsgrad entsteht dadurch auch ein höherer Verschleiß der Zahnräder. Um den Verschleiß zu begrenzen, fertigt man die Schnecke aus Stahl, das Schneckenrad aus einem selbstschmierenden Werkstoff, beispielsweise aus speziellen Kupferlegierungen oder Kunststoffen.

Bild 11:
Schneckenradgetriebe

Cyclogetriebe sind Exzentergetriebe, bei denen Kurvenscheiben die Drehmomente übertragen. Ein Exzenter treibt eine Kurvenscheibe mit Kurvenabschnitten der Anzahl n an, welche sich in einem fest stehenden Bolzenring mit n+1 Bolzen abwälzt. Die Kurvenscheibe wälzt sich dabei über die Bolzen des Abtriebbolzenrings ab. Je Umdrehung des Antriebsrades bewegt sich der Abtrieb um einen Kurvenabschnitt weiter. So entstehen kleinere Drehzahlen entgegen der Antriebsdrehrichtung. Die Cyclogetriebe sind einfach im Aufbau (Bild 12). Allerdings ist der Wirkungsgrad niedriger als bei Stirnrad- oder Standard-Planetengetrieben.

Bild 12:
Cyclogetriebe

Getriebe

7 Konstruktion und Fertigung von Mikroantrieben

Es ist nicht weiter überraschend, dass die vorgestellten physikalischen Gesetzmäßigkeiten grundsätzlich auch bei Mikroantrieben ihre Gültigkeit behalten. Auch die heute in der Praxis von Ingenieuren eingesetzten Entwurfswerkzeuge sind im Prinzip unabhängig von der Größe des Antriebs. Die Werkzeugpalette für Mikroantriebe reicht von 3D-CAD mit Toleranzberechnung über Finite Elemente Programme zur Simulation mechanischer, thermischer und elektrodynamischer Effekte (Bild 1) bis hin zu komplexen Entwicklungsumgebungen für die Erstellung von Layouts für Leiterplatten und die Entwicklung und Programmierung von integrierten Schaltkreisen.

Mikroantriebe zu konstruieren und zu fertigen bedarf dennoch mehr, als Vorhandenes und Bewährtes aus dem Bereich der bekannten Antriebstechnik lediglich kleiner zu machen. So sind beispielsweise die Toleranzfelder nach DIN 7157 zur Herstellung von Passungen in Relation zu den Bauteilabmessungen definiert und „schrumpfen" folglich mit der Bauteilgeometrie. Mit zunehmender Miniaturisierung steigen daher die Anforderungen an die Präzision

Bild 1:
Simulations- und
CAD-Arbeitsplatz

Konstruktion und Fertigung

im gesamten Herstellungsprozess überproportional und werden ohne geeignete Gegenmaßnahmen schnell zum Kostentreiber.

Hinzu kommen physikalische Effekte, deren Wirkung sich in Relation zur Bauteilgröße verändert und die ein angepasstes Vorgehen bei der Auslegung und Herstellung der Mikroantriebe erfordern. Kapillarkräfte können beispielsweise kleinste Komponenten zentrieren helfen, diese aber auch unzulässig verrücken oder Probleme beim Fügen durch Kriechen oder Verlaufen von Schmier- oder Klebstoffen über kürzeste Distanzen verursachen. Oberflächenkräfte können bei stark verkleinerten Geometrien Gewichtskräfte dominieren. So sind bei einem Mikrogetriebe mit 1,9 mm Außendurchmesser die Einzelteile (siehe Bild 8) so klein, dass sie mittels elektrostatischer Kräfte in ihrer Lage manipulierbar werden. Vergrößerungsoptiken wie Lupen und Mikroskope sind bei der Herstellung von Mikroantrieben unverzichtbar. Diese lichtoptischen Hilfsmittel schränken aber stets das gewohnte räumliche Sehen ein, da mit zunehmender Vergrößerung die Schärfentiefe, das ist der Bereich in dem der Mensch subjektiv scharf sieht, umgekehrt proportional zum Quadrat der Vergrößerung abfällt.

Kleine Geometrien eröffnen andererseits auch neue Möglichkeiten. Nicht nur, dass absolut gesehen viel weniger Material für den einzelnen Antrieb benötigt wird, was Energie, Rohstoffe und damit Kosten sparen hilft. Es kann das verwendete Material oftmals auch viel intensiver genutzt werden. Ein wesentlicher Grund sind die dank der kurzen Wege wesentlich kleineren thermischen Zeitkonstanten. Verlustenergie kann somit viel schneller abgeführt werden. Konkreter Nutzen kann daraus beispielsweise bei der Strombeaufschlagung von Wicklungen in Mikromotoren gezogen werden. Je nach Auslegung sind bei Mikrospulen Stromdichten von 1.000 A/mm² und mehr praktisch nutzbar, ohne dass der Antrieb dabei Schaden nimmt. Ein Vergleich mit der zulässigen Stromdichte eines typischen Netzkabels von 10 A/mm² verdeutlicht die beachtlichen Leistungspotentiale von Mikroantrieben.

Nachfolgende Ausführungen geben einen Überblick zu konstruktiven Besonderheiten und praxisbewährten Lösungsstrategien bei der Realisierung von Mikroantriebssystemen.

Konstruktion und Fertigung

7.1 Monolithisch oder hybrid?

Zahlreiche wissenschaftliche Arbeiten der letzten Jahre zeigen, dass sich Mikroantriebe nach dem elektrostatischen und elektrodynamischen Wirkprinzip rein lithographisch mit weiter entwickelten Methoden der Mikroelektronik in einem „Guss", d.h. ohne Montage herstellen lassen (Bild 2). Eine erfolgreiche Lösung ist beispielsweise das elektrostatisch angesteuerte Mikrospiegelfeld von Texas Instruments, das in zahlreichen Projektoren weltweit bei Präsentationen seine Arbeit verrichtet. Bei fast allen diesen monolithischen, d.h. ursprünglich aus einem Stück gefertigten Mikrosystemen kommt hochreines Silizium als Substratmaterial zum Einsatz. Trotz des bestechenden Ansatzes einer wirtschaftlichen Parallelfertigung in Anlehnung an die Mikroelektronik konnten sich bis heute nur wenige dieser Lösungen am Markt behaupten.

Oftmals reicht die Leistungsfähigkeit dieser monolithisch gefertigten Antriebssysteme in punkto Lebensdauer und Drehmoment

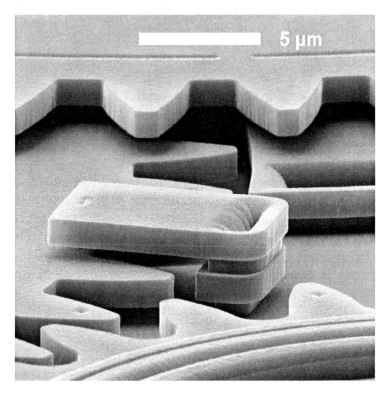

Bild 2:
Mikrogetriebe aus Polysilizium
(Quelle: Sandia National Lab, NM)

nicht aus, um den Kundenanforderungen insbesondere im typischen Fall einer anzutreibenden externen Last zu genügen. Beispielhaft sei hier auf in Opferschichttechnik gefertigte Gleitlager auf Siliziumbasis verwiesen, die trotz diamantähnlicher Hartstoffbeschichtung im Betrieb letztlich kaum 100 Stunden „überleben". Beim Drehmoment wird die Schwelle von 1 µNm kaum erreicht. Für diese Winzlinge mit lateralen Abmessungen von einigen 100 µm bis maximal wenigen Millimetern und typischen Bauhöhen des reinen Mikroantriebes unterhalb von 100 µm sind diese Werte trotz allem sehr beachtlich.

Mikroantriebe werden für die meisten industriellen Anwendungen vorteilhaft als elektronisch kommutierte Drehstrom-Synchronmotoren mit integriertem Permanentmagnet aufgebaut und sind damit den EC-Motoren zuzuordnen. Der damit einhergehende einfachere mechanische Aufbau kommt der konstruktiven Ausführung und Fertigung bei zunehmender Miniaturisierung der Komponenten entgegen. Anders als ihre oben aufgeführten monolithischen „Verwandten" sind diese Mikroantriebe hybrid aufgebaut, d.h. sie entstehen letztlich durch Montage von zuvor einzeln hergestellten, spezifisch optimierten Systemkomponenten. Vorteilhaft ist hierbei die nahezu unbeschränkte Freiheit bei der Auswahl der Materialien und Herstellprozesse. Nachteilig ist die unumgängliche Montage mit den bereits einleitend umrissenen Schwierigkeiten bei kleiner werdenden Abmessungen.

Dem Prinzip nach lassen sich viele der Aussagen dieses Kapitels auch auf andere Mikroantriebe, wie z.B. die Piezomotoren etc. übertragen. Wegen ihrer Marktdominanz fokussieren die folgenden Ausführungen auf Mikroantriebe mit elektromagnetischem Funktionsprinzip.

7.2 Kernstrategie – Komplexitätsreduktion

Moderne Antriebe, ob groß oder klein, sind nach allgemeinem Verständnis komplexe technische Gebilde. Sie entstanden über einen Zeitraum von mehr als 100 Jahren auf dem Fundament einer anspruchsvollen Physik und wurden vorangetrieben durch Generationen von Forschern und Entwicklern, begleitet von einer unüberschaubaren Anzahl von Erfindungen.

Jedes elektromagnetische Antriebsystem dient letztlich zur Erzeugung von Bewegungen und besteht gemäß der vorangegangenen

Konstruktion und Fertigung

Beschreibungen aus dem zentralen Teilsystem Motor, das je nach Motortyp und Zielsetzung um weitere Teilsysteme, wie Ansteuerung, Getriebe und einem Rotorlageerkennungssystem ergänzt wird (siehe Kapitel 1, Bild 1). Je größer der Antrieb ist, desto mehr Raum bietet sich für ausgeklügelte Lösungen für jedes seiner Teilsysteme, um z.B. den Wirkungsgrad und/oder die Lebensdauer zu steigern. Das Ziel ist in der Regel Anschaffungs- und/oder Betriebskosten zu senken. Bei Mikroantrieben sind jedoch zahlreiche, im Großen bewährte Lösungen, wie z.B. Kompensationswicklungen, hydrodynamische Lagerschmierungen, integrierte Kühleinrichtungen etc. auch nicht ansatzweise wirtschaftlich umzusetzen.

Ein wichtiger Lösungsansatz für die Konstruktion und Fertigung von Mikroantrieben liegt deshalb in der Konzentration auf die unverzichtbare Basisfunktionalität der einzelnen Teilsysteme. Die Reduktion der Systemkomplexität ist eine Kernstrategie, um bei minimiertem Bauraum und den damit einhergehenden Zwängen trotzdem zu einer technisch machbaren und wirtschaftlich akzeptablen Umsetzung zu gelangen.

Leistung trotz vereinfachtem Aufbau

Letztlich werden Vereinfachungen auf Kosten einer reduzierten Systemkomplexität oftmals durch eine reduzierte Effizienz der Mikroantriebe „erkauft". In der Praxis wird dies bei Bedarf durch eine gesteigerte Leistungsdichte in den einzelnen Teilsystemen kompensiert. Konkret wird dabei die mechanische Abgabeleistung durch eine Erhöhung der elektrischen Eingangsleistung angepasst und die damit einhergehende höhere Verlustleistung akzeptiert.

Diese auf den ersten Blick hemdsärmlig wirkende Herangehensweise hat sich bewährt, da die absoluten Verluste trotz schlechterem Wirkungsgrad bei Mikroantrieben nach obiger Definition meistens in einer Größenordnung unter einem Watt liegen. Diese vergleichsweise geringe absolute Verlustleistung lässt sich dank der eingangs erläuterten kleinen thermischen Zeitkonstanten schnell abführen und ermöglicht letztendlich neben der räumlichen Funktionsdichte bei Mikroantrieben auch eine bis dato von größeren Antrieben unerreichte Leistungsdichte.

Kosteneffizienz trotz Einsatz teurer Materialien

Ein wichtiges Mittel, um dem verminderten Wirkungsgrad bei Mikroantrieben in Folge der beschriebenen Komplexitätsreduktion entgegenzuwirken, ist der breite Einsatz von besonders leistungsfähigen Werkstoffen. Angefangen beim Hochleistungsmagnetwerkstoff Neodym-Eisen-Bor über hochpermeables Nickeleisen, lithographisch hergestellter Spulen und Mikrozahnrädern, spezifisch angepasster mikroelektronischer Schaltkreise bis hin zur Verwendung spezifisch optimierter Kleb- und Schmierstoffe etc. wird fast nichts unterlassen, um die Leistung und Funktionalität der Mikroantriebe für den Anwender optimal nutzbar zu machen. So kommen z.B. häufig spezifisch optimierte Kleb- und Schmierstoffe zu einem Preis pro Liter bzw. Kilogramm von weit mehr als 1.000 € zum Einsatz. Typischerweise lassen sich damit einige 10.000 bis 100.000 Mikroantriebe fertigen.

Je kleiner der Antrieb, desto geringer ist der Einzelmengenbedarf und desto weniger fallen die Materialkosten beim Endpreis ins Gewicht. Das heißt letztlich, dass bei Mikroantrieben deutlich höhere Materialmengenkosten tolerierbar sind als bei größeren Antrieben. Tatsächlich wird auch der Preis von Mikroantrieben trotz Einsatz sehr hochwertiger Werkstoffe weniger durch die Materialkosten, sondern vielmehr durch die Prozesse zur Verarbeitung dieser Materialien und bei der Montage bestimmt.

Beispiele für eine erfolgreiche Komplexitätsreduktion

- Das bei Mikromotoren bevorzugt angewandte Prinzip des Synchronmotors mit rotierendem Permanentmagnet führt zu einem mechanisch einfacheren Aufbau (Bild 3). Die Komplexität einer freitragenden und in einem möglichst engen Luftspalt rotierenden Glockenanker-Wicklung eines Kleinantriebs wird beispielsweise beim benannten Mikromotortyp vereinfacht, in dem die Wicklung fest in den Rückschluss geklebt wird. Vorteilhaft ist dabei, dass hierdurch die Wicklung durch den Rückschluss gehalten und ausgerichtet wird. Vorteilhaft ist außerdem, dass bei dieser Bauform nur noch ein mechanischer Luftspalt zwischen Wicklung und Magnet konstruktiv beachtet werden muss.
- Auf die Blechung von Teilen des Magnetkreises kann in der Regel verzichtet werden (Bild 3), da typische Wandstärken im Magnetkreis von Mikromotoren bereits unterhalb

Konstruktion und Fertigung

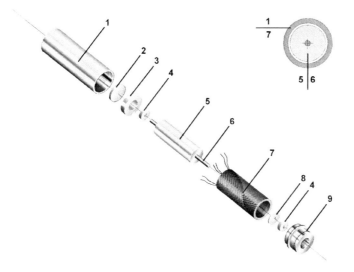

Bild 3:
Explosionszeichnung bürstenloser DC-Mikromotor

1 Gehäuse
2 Deckel
3 Lagerschild
4 Lager
5 Magnet
6 Welle
7 Wicklung
8 Scheibe
9 Lagerschild

konventioneller Trafobleche liegen. Der damit einhergehende Verzicht auf die elektrische Isolation der Einzelbleche spart zudem Bauraum. Im Gegenzug werden die weichmagnetischen Eigenschaften durch einen Materialwechsel für Mikromotoren optimiert. Statt des sonst üblichen höherohmigen, silizierten Eisens in Trafoblechen zur Reduzierung von Wirbelstromverlusten werden bei Mikromotoren mit minimierten Wandstärken bevorzugt hochpermeable Legierungen aus Nickel und Eisen eingesetzt. Hier wird der physikalische Effekt genutzt, dass Wirbelströme mit kleiner werdenden Wandstärken überproportional abnehmen.

- Der Verzicht auf mehrteilige Magnete (Bild 3) und deren schwierige Montage im polarisierten Zustand stellt eine weitere Vereinfachung dar. Bei Mikromotoren wird das gesamte Magnetsystem insbesondere auch im Fall mehrerer Polpaare typisch aus einem monolithischen Neodym-Eisen-Bor-Magneten gefertigt und später in einem „Schuss" polarisiert. Die mehrpolige Magnetisierung ist zugleich ein Beispiel für die im nächsten Abschnitt behandelte Komplexitätsverlagerung. Die Komplexität der Montage wird im Fall von Mikromagneten in eine spezifisch ausgelegte Magnetisiervorrichtung verlagert.

7.3 Kernstrategie – Komplexitätsverlagerung

Entscheidend für die Leistungsfähigkeit des Gesamtsystems sind sowohl die spezifisch über Materialauswahl und Herstellungsprozess optimierten Einzelteile, wie auch deren Zusammenspiel nach der Integration zum hybriden Mikroantrieb. Trotz aller Vereinfachungen handelt es sich bei den Antrieben letztlich immer noch um komplexe technische Gebilde. Die Strategie der Vereinfachung in Form der erläuterten Komplexitätsreduktion hat klare Grenzen. Schließlich können die Nachteile überzogener Vereinfachungen so gravierend werden, dass sich diese auch bei Einsatz bester Materialien und der Akzeptanz einer erhöhten Verlustleistung nicht mehr zufrieden stellend kompensieren lassen.

Über die marktseitig geforderte Leistungsfähigkeit elektromagnetischer Antriebe hinaus wird kontinuierlich an der Erweiterung des Funktionsumfangs und damit der Einsatzmöglichkeiten von Kleinantrieben gearbeitet. Insbesondere im Bereich elektronischer Ansteuerungen in Kombination mit weiterentwickelten Rotorlage-Erfassungssystemen werden mittlerweile auch für Kleinantriebe in Leistungsbereichen weit unterhalb von 100 Watt z.B. Servofunktionen angeboten, wie sie noch vor wenigen Jahren deutlich größeren Antrieben vorbehalten waren. Die Palette verfügbarer elektronischer Schnittstellen wurde in den letzten Jahren ebenfalls auf Nachfrage unterschiedlichster Branchen erweitert. Letztlich ist es das Ziel all dieser Weiterentwicklungen, den Nutzen beim Anwender der Antriebe zu steigern und darüber neue Einsatzfelder zu erschließen. In der Konsequenz werden diese erweiterten Funktionen zur Steigerung des Gebrauchswertes auch bei Mikroantrieben vermehrt nachgefragt. Nebeneffekt all dieser Funktionen ist eine gesteigerte Systemkomplexität, die nach Möglichkeit auch für die Mikrosysteme erschlossen werden soll.

Die Verlagerung von erforderlicher Systemkomplexität in Herstellungsprozesse ist eine weitere Kernstrategie, um bei minimiertem Bauraum und den damit einhergehenden Zwängen trotzdem zu einer technisch machbaren und wirtschaftlich akzeptablen Umsetzung zu gelangen. Elementare Voraussetzung zur Umsetzung dieser Strategie sind die in den letzten 20 Jahren verstärkt entwickelten mikrotechnischen Herstellungsprozesse, deren Vorteile insbesondere bei kleiner werdenden Strukturen immer mehr zum Tragen kommen.

Konstruktion und Fertigung

Mikrotechnische Herstellungsprozesse erschließen Systemfunktionalität

Die im Abschnitt 7.1 erläuterten monolithischen Mikrosysteme demonstrieren, wie durch den Einsatz lithographischer Prozessschritte in Kombination mit Abtrags- und Abscheideverfahren beeindruckende Mikrosysteme ohne Montageschritte realisierbar werden. Die in diesen Dimensionen, schließlich sprechen wir hier z.B. von Rotordurchmessern im Bereich von Bruchteilen eines Millimeters, kaum noch wirtschaftlich zu bewerkstelligende Montage wird stattdessen vollständig in eine Folge aufeinander aufbauender mikrotechnischer Herstellungsprozesse verlagert. Obendrein gelingt dieses alles im Rahmen einer mikrotechnischen Fertigung in typischer Weise parallel, d.h. gänzlich ohne zusätzlichen Aufwand bei mehreren hundert oder tausend Systemen gleichzeitig.

Auch bei den konkurrierenden hybriden Mikroantrieben lässt sich oftmals erst durch die Verlagerung von Systemkomplexität in die Prozesse zur Herstellung der Einzelkomponenten die geforderte Funktionalität realisieren. Für die Herstellung kleinster und zugleich hochpräziser Mikrobauteile mit Toleranzen bis unter 1 μm hat sich die LIGA-Technik als zielführend erwiesen (Bild 4). Dabei werden in einer Folge bzw. Kombination aus lithographischen, galvanischen und bei Bedarf auch abformenden Prozessschritten Mikrobauteile, wie z.B. Stirn- oder Hohlräder mit Moduln bis weit unter 50 μm

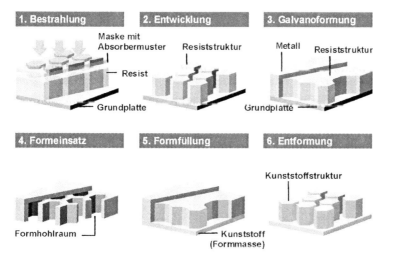

Bild 4:
LIGA-Technik
(Quelle: IMM)

Konstruktion und Fertigung

wahlweise aus Metall oder auch im Mikrospritzgussverfahren hergestellt.

Neben dem Mikrospritzguss von in der Regel hochleistungsfähigen Kunststoffen kommen heute auch bei Bauteilabmessungen von zum Teil weit unter einem Millimeter weitere moderne Verfahren wie Metall-Injection-Moulding, kurz MIM und Ceramic-Injection-Moulding, kurz CIM zum Einsatz. Beiden Verfahren gemeinsam ist die Verarbeitung kunststoffgebundener Formmassen. Beim MIM wird Metall- und beim CIM wird Keramikpulver mit einem Thermoplast vermengt und so im Spritzguss verarbeitbar. Nach dem Spritzgussprozess wird der Kunststoff in einem oft mehrstündigen Tempervorgang ausgetrieben, was die Bauteile in geringem Maße schwinden lässt und durch Vorhalte im Spritzgusswerkzeug kompensiert wird. Nach dem anschließenden Sintervorgang folgt ggf. noch eine mechanische Nachbearbeitung durch Schleifen, Polieren etc. Ein großer Vorteil der angeführten Verfahren ist die kostengünstige Herstellung mechanisch präziser und zugleich komplexer Bauteile auch z.B. aus schwer zerspanbaren Edelstählen oder Keramiken. Wegen der zum Teil erheblichen Werkzeugkosten rechnet sich dieser Aufwand aber oft erst ab sechsstelligen Stückzahlen.

Fasst man den Begriff der mikrotechnischen Herstellungsverfahren weiter und bezieht die Mikroelektronik mit ein, dann ist man bei der Technologie angelangt, die mit Abstand die meisten Zusatzfunktionen moderner Antriebe ermöglicht. Die zumeist in CMOS-Technologie gefertigten digitalen Signalprozessoren (DSP) sind heute in Ansteuerungen für Klein- und Mikroantriebe so selbstverständlich wie Schmierstoffe in Getrieben. Programmierbarkeit, hohe Rechenleistung, mitunter integrierte Hallsensoren und flexible Schnittstellen erlauben z.B. erst die Realisierung von Zustandsreglern und verschachtelten Regelkreisen zur Erzielung eines optimalen Motorverhaltens in unterschiedlichsten Anwendungen. So lassen sich nicht selten Unzulänglichkeiten im System, wie z.B. eine weniger präzise und damit preiswertere Ausrichtung von Sensoren oder eine vereinfachte Vorjustage mechanischer Glieder nachträglich durch eine bevorzugt automatisierte Kalibrierung per Software linearisieren. Verlagerung von mechanischer Komplexität in einen durch Mikroelektronik preiswerter beherrschbaren Bereich hilft Kosten zu senken und nicht selten auch die Qualität und die nachgefragte Funktionalität zu steigern. Dies gilt für die Mikroantriebe umso mehr, als bei diesen die Montage ohnehin erschwert ist.

Konstruktion und Fertigung

Mechanik und Elektronik wachsen zusammen

Werden die Strukturen kleiner, dann steigt in vielen Fällen die Bedeutung von Toleranzen von ansonsten weniger beachteten Komponenten. So bewegen sich typische Gehäusetoleranzen von z.B. oberflächen-montierbaren elektrischen SMD-Bauteilen, wie Widerstände, Kondensatoren, IC- und Sensor-Gehäusen oftmals im Bereich von z.T. weit über 100 µm. Bezogen auf die Gehäuseabmessungen bedeutet dies in der Praxis schnell 30 % und mehr. Was beim Aufbau einer Leiterplatte vielleicht nicht stört, kann im Falle der Integration in einen eng vorgegebenen Bauraum eines Mikroantriebs erhebliche Probleme bereiten. Die mechanischen Eigenschaften von bislang vorwiegend nach elektrischen Kenngrößen ausgewählten Elektronikbauteilen bekommen mit zunehmender Miniaturisierung eine ganz andere Bedeutung.

Eine elegante Methode, die geschilderte Problematik zu umgehen, ist der gänzliche Verzicht auf ein Gehäuse. Im Fall passiver Bauelemente kann dies z.B. durch Dickschichttechnik (im Siebdruckverfahren auf Leitungsträger aufgebrachte Bauelemente) erfolgen. Ein weiteres probates Mittel um Platz zu sparen und zugleich Präzision und nutzbringende Komplexität zu gewinnen, ist die Verwendung von integrierten Schaltkreisen (ICs) und zwar wieder bevorzugt in ungehäuster Form als „Die". Die COB (Chip-on-Board)-Technik ist ein verbreitetes Verfahren, um Platz durch Verzicht auf ein Gehäuse zu sparen. Bei der klassischen Variante wird ein rücklings auf eine Leiterplatte abgesetzter IC durch Bonddrähte angeschlossen. Hinsichtlich der Platzeinsparung lässt sich dies für Mikroantriebe mit Hilfe der Flip-Chip (FC)-Technologie noch weiter optimieren (Bild 5). Hierbei werden die klassischen Bonddrähte durch z.B. Lötkügelchen direkt auf den Bondflächen der oft im Sinne einer zusätzlichen Platzeinsparung gedünnten Dies ersetzt. Durch die geschilderten Maßnahmen sind gegenüber des COB mit Bonddrähten gerade bei den in Frage kommenden kleinen „Dies" zusätzliche Platzeinsparungen von häufig mehr als 50 % praktisch umsetzbar.

Im Rahmen einer Komplexitätsreduktion kann in vielen Fällen auf das eine oder andere Bauelement mit noch vertretbaren Funktionseinbußen verzichtet werden, ohne Grundfunktionen inakzeptabel zu beeinträchtigen. Dies wird durch die heute zur Verfügung stehende Leiterplattentechnik in Form von Starr-Flex-Systemen mit

Konstruktion und Fertigung

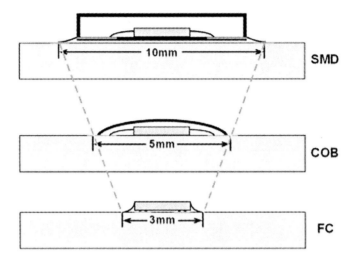

Bild 5:
Größenvergleich
SMD (Surface Mounted Device)
COB (Chip on Board)
FC (Flip Chip)

mehrlagigem Aufbau und mit zum Teil integrierten elektronischen Bauelementen mit kurzen und präzisen Leiterbahnführungen unterstützt. Ein weiterer praxisrelevanter Nutzen der Leiterplattentechnik erschließt sich, wenn der komplexe Wicklungsprozess in den Herstellprozess für die Leiterplatte verlagert wird (Bild 6). Darüber lässt sich der aus mehreren präzise zueinander ausgerichteten Spulen bestehende Stator eines Mikromotors auf engstem Raum ohne Kosten verursachende und die Zuverlässigkeit reduzierende Kontaktierung zusammen mit der Ansteuerelektronik integrieren. Dies hat insbesondere für tragbare Geräte große Vorteile, da hier das gesamte Antriebssystem einschließlich der Ansteuerung klein und leicht sein soll. Die ausgezeichneten konstruktiven Eigenschaften von FR4 als Leiterplattenwerkstoff lassen sich auch nutzen, um zur beschriebenen Integration von Spulen und Ansteuerung z.B. ein Rotorlager präzise zum Stator-Spulensystem anzuordnen. Weiterhin kann die Leiterplatte im Randbereich z.B. als Flansch mit Befestigungsbohrungen versehen werden oder auch als Teil eines Gehäuses fungieren.

Die Leiterplattentechnik ist neben den mikrotechnischen Herstellungsverfahren für mechanische und mikroelektronische Komponenten ein wesentliches Element der Kernstrategie zur Verlagerung von nutzbringender Komplexität hinein in geeignete

Konstruktion und Fertigung

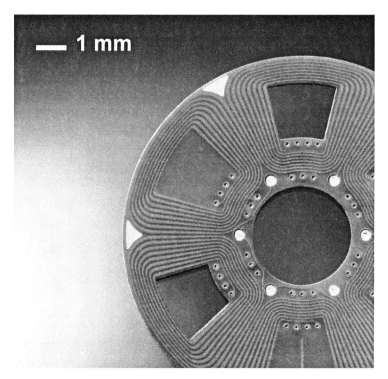

Bild 6:
Platinenspule

Herstellungsprozesse. Sie hilft bei den extrem kleinen Antrieben die Montage zu vereinfachen und mechanische und elektronische Bauteile geschickt miteinander zu integrieren.

Beispiele für eine erfolgreiche Komplexitätsverlagerung

- Die Verlagerung von feinwerktechnischen hin zu lithographischen Herstellungsprozessen hilft in vielen Fällen, die von größeren Antrieben gewohnte Qualität in den Mikrobereich zu übertragen. Beispielsweise ist die Herstellung von Kleinstzahnrädern im konventionellen Abwälzfräsverfahren ein mehrstufiger komplexer Prozess, bei dem eine Reihe aufeinander abgestimmter Dreh-, Fräs-, Füge- und Umformprozesse schließlich zum fertigen Zahnrad führen. Die Verzahnungstoleranzen lassen sich beim Abwälzfräsen aber nicht im gleichen Maß wie die Moduln reduzieren. Eine Verlagerung in den LIGA-Prozess

Konstruktion und Fertigung

einschließlich dem Mikrospritzguss von Zahnrädern erlaubt es, auch das im Bild 7 gezeigte Mikrogetriebe mit einem Außendurchmesser von 1,9 mm mit ausreichender Verzahnungsqualität herzustellen.

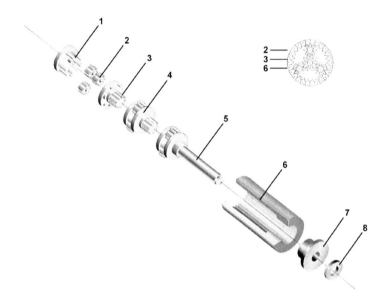

Bild 7:
Explosionszeichnung
Mikroplanetengetriebe

1 Planetenträger - Unterteil
2 Planetenrad
3 Sonnenrad
4 Getriebestufe
5 Abtriebswelle
6 Gehäuse mit Innenverzahnung
7 Lager/Deckel
8 Anlaufscheibe

- Die Verlagerung von klassischer Wickel- und Verdrahtungstechnik hin zur Leiterplattentechnik in Form von mehrlagigen Starr-Flex-Systemen mit in die Leiterplatte integrierten Hallsensoren wurde beim Penny-Motor umgesetzt (siehe Kapitel 3, Bild 15). Auf diese Weise lässt sich dieser Flachläufer einfach mit der Ansteuerelektronik auf einer Leiterplatte integrieren und bei Bedarf um anwenderseitige Schaltkreise und Schnittstellen kostengünstig erweitern.
- Die Verlagerung eng tolerierter und oftmals schwierig bzw. kostspielig herzustellender feinwerktechnischer Passungen in vorrichtungsgestützte Klebeprozesse hilft in vielen Fällen Kosten bei den Einzelteilen zu sparen ohne Einbußen bei der Produktqualität hinnehmen zu müssen. Presspassungen werden so zu deutlich gröber tolerierten Spielpassungen. Die Präzision bei der Ausrichtung der Fügepartner wird über spezifische Vorrich-

tungen und den Einsatz qualifizierter Klebstoffe im Zuge der im folgenden Abschnitt behandelten Mikromontage sichergestellt.

7.4 Integration durch Mikromontage

Am Ende hilft alles nichts. Die einzelnen Komponenten, seien sie auch noch so integriert und funktional, müssen letztlich zum leistungsfähigen hybriden Mikroantrieb montiert werden. Dies erfolgt, wie eingangs beschrieben, manuell unter Mikroskopen oder mittels vergrößernder Bilderkennungssysteme im Falle einer automatisierten Mikromontage typischerweise unter Reinraumbedingungen.

Pick & Place-Technik hilft Mikromontage zu automatisieren

Bei den elektronischen Bauteilen lässt sich die Montage in fast allen Fällen auf die im Laufe der Zeit immer leistungsfähigeren und flexibleren Bestückungsautomaten der Elektronikfertiger transferieren. Die hier dominierende Pick & Place-Technik, also das Aufnehmen und gezielte Absetzen von Bauteilen mit anschließendem Löt- oder Klebeprozess, lässt sich in vielen Fällen vorteilhaft auch auf die mechanischen Bauteile eines Mikroantriebs übertragen. Vorteilhaft deshalb, weil sich hierdurch eine etablierte Technik für die Massenfertigung von Elektronikbaugruppen auch auf die Montage von Mikroantrieben übertragen lässt. Voraussetzung ist hierfür allerdings eine Sandwich-Bauweise. Hierbei müssen sich möglichst alle Komponenten durch schichtweises Absetzen der Reihe nach montieren lassen. Neben dem erschließbaren Einsparpotential sind insbesondere die mögliche Zuverlässigkeits- und Präzisionssteigerung wichtige Aspekte für eine Montage mittels der beschriebenen Bestückungstechnik.

In der Praxis entziehen sich zahlreiche, vor allem mechanische Bauelemente einer konsequenten Sandwich-Bauweise. Die Pick & Place-Technik der Elektronikfertiger kann also bestenfalls nur einen Teil der erforderlichen Mikromontage abnehmen. Bei den komplexeren Montageabläufen, z.B. beim Aufbau eines Mikrogetriebes (Bild 8), sind oftmals sensorische Fähigkeiten gefragt, die nur schwer in eine automatisierte Montage umzusetzen sind. Insbesondere der rein mechanische Teil moderner Mikroantriebe wird heute vergleichbar zu den größeren Antrieben häufig noch manuell mit Hilfe spezifischer Vorrichtungen oder in einigen Fällen auch halbautomatisiert montiert.

Bild 8: Mikrogetriebeteile

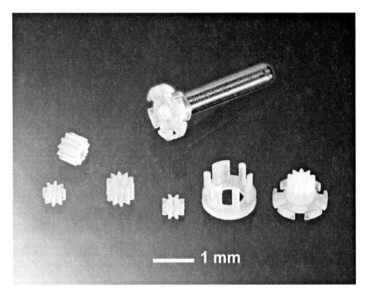

Kleben – Schlüssel zur Mikromontage

Passungen und hier insbesondere Pressverbindungen werden wegen des eingangs erläuterten Toleranzproblems bei kleiner werdenden Bauteilen bevorzugt durch Kleben, seltener durch Löten ersetzt. Wenn die spezielle Materialkombination es zulässt, wie z.B. bei der Verbindung eines Ritzels auf eine Abtriebswelle, bietet sich auch bei sehr kleinen Dimensionen das Schweißen, bevorzugt mittels NdYAG-Laser an. Die Strahlung dieses Infrarotlasertyps lässt sich durch optische Linsen auf unter 100 µm fokussieren und ist bei Bedarf auch vorrichtungsfreundlich über Lichtwellenleiter verlustarm an die Schweißstelle zu leiten. Ähnliches wie zu den Passungen kann für Schraubverbindungen gesagt werden. Auch hier wird unterhalb der Schraubengröße M2 zunehmend das Kleben bevorzugt.

Soweit möglich sollte der Fügevorgang durch konstruktive Führungshilfen, wie Fasen und Abrundungen etc. unterstützt werden. Dies ist aber meist nur bei feinwerktechnisch gefertigten Bauteilen möglich. Ein per LIGA-Technik mikrotechnisch hergestelltes Zahnrad aus Metall ist z.B. naturgemäß scharfkantig. Anders sieht es aus, wenn in eine ebenfalls scharfkantige LIGA-Form mittels Mikrospritzguss Zahnräder mit gleicher Geometrie abgeformt werden. Hier zeigen die Kunststoffzahnräder in den Randbereichen durch eine nicht absolut perfekte Abformung Kantenverrundungen, die sowohl bei der Montage als auch beim späteren Betrieb vorteilhaft sind (Bild 9). Federelemente in mikrotechnischen Abmessungen sind auf Grund der geringen Stellwege und Kräfte mit besonderer Sorgfalt auszulegen und einzusetzen. Wie am Beispiel der Planetenradgetriebestufe in Bild 10 erkennbar, können Federelemente helfen, klassische Presspassungen durch federndes Klemmen zu ersetzen. Die Verbindung ist nach dem Fügen sofort fest und kann bei Bedarf durch andere Verfahren, wie Kleben oder Schweißen ergänzt werden.

Konstruktion und Fertigung

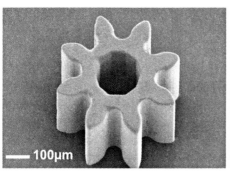
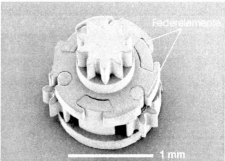

Bild 9 (links):
Gespritztes Planetenrad
(Elektronenmikroskop-Aufnahme)
(Quelle: IMM)

Bild 10 (rechts):
Federelement Getriebestufe
(Quelle: IMM)

Nach der Häufigkeit gemessen ist das Kleben klar vor allen anderen Fügeverfahren bei der Montage von Mikroantrieben zu nennen. Die Palette der verwendeten Kleber ist breit und reicht von ein- und mehrkomponentigen, über warm- oder kalt- oder UV-aushärtenden hin zu elektrisch oder thermisch leitend oder isolierend wirkenden Klebern, um nur einige Unterscheidungsmerkmale zu nennen. Manche Kleber benötigen Licht um auszuhärten, andere benötigen hierfür Metallionen oder schlicht Wasser. Neben den genau einzuhaltenden Applikationshinweisen, insbesondere der Oberflächenvorbehandlung, der Aushärteparameter, der Mischungsverhältnisse ist streng auf die korrekte Lagerung zu achten. Alles zusammen genommen hat sich das Kleben nicht nur im Bereich der Mikromontage über die Jahre zu einer anspruchsvollen Disziplin entwickelt. Nicht selten kommen in einem Mikroantrieb weit mehr als 10 spezifisch auf den jeweiligen Einsatzfall hin optimierte, unterschiedliche Klebstoffe zum Einsatz. Dabei ist es die Aufgabe des Konstrukteurs, abgestimmt auf den jeweiligen Klebstoff Nuten, Trichter, Spalte oder andere Hilfsmittel zur sicheren Applikation des Klebers in oft kleinsten Mengen von wenigen Nanolitern zu ermöglichen und ein unzulässiges Verlaufen oder Kriechen bis zur Aushärtung zu vermeiden.

Endstation Serienprüfung

Bei den Mikroantrieben hat sich nach erfolgter Montage eine hundertprozentige Endprüfung in der Praxis bewährt (Bild 11). Begründet ist dies einerseits durch eine schwierige und zum Teil nur mit unverhältnismäßig hohem Aufwand durchführbare messtechnische Charakterisierung der filigranen und nicht selten bis in den Bereich weniger Mikrometer präzisen Einzelteile und Baugruppen. Diesen Aufwand verlagert man einerseits gemäß obiger Strategie der Komplexitätsverlagerung vorteilhaft in den Herstellungsprozess für die Einzelteile und kontrolliert quasi als indirektes Qualitätskriterium die Prozessparameter. Zum anderen verlagert man diesen Messaufwand bei den Einzelteilen und Baugruppen basierend auf einer Kosten-Nutzen-Analyse auf die Endprüfung in der Serienfertigung.

Die Zuordnung und strikte Trennung der Einzelteile und Baugruppen in Form von Chargen hat sich gerade bei den messtechnisch schwer zu klassifizierenden Einzelteilen bewährt. Über die Endprüfung wird wiederum rückwirkend auch die Lagerware geprüft. Ist ein derartiges System bestehend aus protokollierten

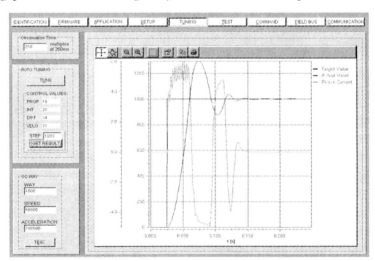

Bild 11: Hundertprozentige Endprüfung

Prozessparametern für die Einzelteile, bedarfsgerechter Chargenverfolgung für messtechnisch schwierig zu charakterisierende Einzelteile und Baugruppen und eine leistungsfähige Endprüfung etabliert, lassen sich auch Mikroantriebe wirtschaftlich in der geforderten Qualität fertigen.

Der Endprüfung und der statistischen Langzeitauswertung der Messergebnisse kommt eine besondere Bedeutung zu. Jeder Mikroantrieb ist dabei mit Bezug zu den garantierten Datenblattwerten zu prüfen. Bei Bedarf werden zusätzliche Messwerte wie Geräusche, Vibrationen etc. aufgezeichnet. Dies alles ist praktisch nur automatisiert umsetzbar. Die Ausführungen verdeutlichen, dass Qualitätssicherung bei Mikroantrieben anders, aber im Endergebnis vergleichbar zu den größeren Antrieben abläuft. Im Ergebnis muss der Antrieb, gleich ob groß, klein oder mikro stets seinem Anwender den geforderten Nutzen bringen.

Konstruktion und Fertigung

8 Anwendungsbeispiele

Die Einsatzbereiche der Mikroantriebstechnik sind vielfältig. Sie reicht von „einfachen" mechanischen Bewegungen in Diagnosegeräten bis hin zur Präzisionssteuerung bei Hexapoden für exakte Positionierung im µm-Bereich. Auch die Anwendungsgebiete sind so unterschiedlich wie die heute zur Verfügung stehenden Antriebe: Medizintechnik, Fertigungstechnik, Positionieraufgaben für Mikrochirurgie und Montage oder Ausrichten von Optik-Bauelementen; nur die Fantasie der Entwickler setzt dem Einsatzspektrum der Mikroantriebe noch Grenzen. Einige Beispiele im Folgenden sollen dies verdeutlichen.

8.1 Ultraschallkatheter

Minimal invasive Medizin schont den Patienten und erlaubt eine schnelle kostengünstige Diagnose. Beispielhaft für solche Anwendungen ist die Ultraschalldiagnostik. Dabei werden die Strukturen innerer Organe per Ultraschall nach dem Fledermausprinzip abgetastet und auf einem Bildschirm sichtbar gemacht. Üblicherweise verwendet man dabei etwa handtellergroße Abtaster und ein Koppelgel, z.B. bei der Schwangerschafts-Vorsorgeuntersuchung des Fötus. In miniaturisierter Form z.B. als Katheter lassen sich die zu untersuchenden Stellen dagegen über natürliche Hohlräume wie den Magen-Darm-Trakt gezielt anfahren.

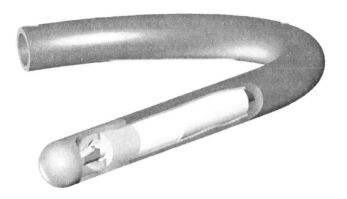

Bild 1:
Know-how auf kleinstem Raum, Ultraschallkatheter für medizinische Diagnostik

Anwendungsbeispiele

Ein solcher Ultraschallkatheter (Bild 1) besteht im Wesentlichen aus einem starren 18 mm langen Katheterkopf mit Ultraschallsendeempfänger auf der Motor-Getriebe-Einheit sowie dem Katheterschlauch für die Energie- und Datenleitung. Die Strom- und Datenversorgung des Sende- und Empfangskopfes wird über Schleifringe sichergestellt. Die über den Miniaturantrieb exakt eingehaltene Drehzahlvorgabe erlaubt die Auswertung der einzelnen empfangenen Ultraschallechos zu einem komplexen Ultraschallbild durch An- bzw. Überlagerung der einzelnen Aufnahmen. Mit nur 2,5 mm Durchmesser kann der Katheter auch zusammen mit Endoskopen eingesetzt werden, mit einem Durchmesser des Arbeitskanals von mindestens 2,8 mm. Bei einer Bildfrequenz des Sensors von 6,25 kHz und einer Rotationsfrequenz des Umformerkopfes von rund 6 Hz bei Motor-Ausführung mit 3-stufigem Getriebe lassen sich sehr schnelle Bewegungen wie Herzschläge jedoch nur leicht verwaschen darstellen. Ein 2-stufiges Getriebe mit höherer Kopfdrehzahl lässt auch schnelle Bewegungen im Bild scharf erscheinen.

Die Ultraschall-Miniaturmessgeräte lassen sich aber nicht nur in der Medizintechnik einsetzen; sie helfen auch bei der zerstörungsfreien Bauteilprüfung. Dort bringen sie die Signalquelle durch vorhandene Röhren oder Hohlräume direkt an den Testort, ohne Demontage oder größere Eingriffe in bestehende Strukturen des Bauteiles.

8.2 Kleinstantrieb mit großer Leistung
Minipumpen statt Herz-Lungen-Maschine

Eine intrakardiale Blutpumpe, die bei Herzoperationen eingesetzt wird (Bild 2), ist ein weiteres Beispiel für die Leistungs- und Anpassungsfähigkeit der Miniaturantriebe: Das Helmholtz-Institut für biomedizinische Technik der Technischen Hochschule Aachen hat mit dem Impella-System eine Alternative zur Herz-Lungen-Maschine entwickelt. Dadurch werden z.B. bei einer Bypass-Operation die Eingriffe in den menschlichen Körper auf ein Minimum reduziert. In die rechte und linke Herzkammer wird dazu über Arterien und Venen je eine Pumpe eingeführt und direkt im Herzen platziert. Der Antrieb, ein bürstenloser elektronisch kommutierter DC-Motor leistet Beachtliches: Bei einem Außendurchmesser von nur 6 mm und einer Statorlänge von 18 mm pumpt er bei einer

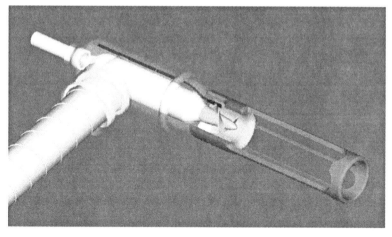

Bild 2:
Die weiterentwickelte Blutpumpe ist auch für den Dauereinsatz bis über sieben Tage geeignet, um das Herz zu entlasten.
(Quelle: Impella Cardiotechnik AG)

Drehzahl von 33.000 U/min bis zu 5,5 Liter Blut pro Minute durch den Kreislauf.

Der Antrieb nutzt eine selbsttragende Spulentechnologie und besteht im Wesentlichen aus einer dreiphasigen Wicklung und einem zweipoligen Permanentmagneten. Zur Lageerkennung des Rotors wird die rückwirkende Generatorspannung gemessen und ausgewertet. Hallsensoren sind damit unnötig, der Antrieb baut so kompakter. Die Motoren erreichen einen hohen Wirkungsgrad. Um die hohen Anforderungen des Impella-Projekts zu erfüllen, wurden die Motoren entsprechend modifiziert. Die für die Anwendung in den Herzkammern notwendigen Drucksensoren sind lediglich 300 µm dick und passen außen in eine Abflachung des Motorgehäuses.

Schonendere Patientenbehandlung und schnelle Rekonvaleszenz dank Mikromotor

Beim Impella-System profitiert man zum einen von der hohen Zuverlässigkeit und den kompakten Abmessungen dieser Motorkonstruktion. Zum anderen sind die Motoren aber auch kostengünstig, was hier besonders zum Tragen kommt. Da sich solche Pumpen nicht desinfizieren lassen, sind sie als Einwegsysteme ausgelegt und werden daher in großen Stückzahlen benötigt. Nachdem die Pumpen in den beiden Herzkammern ihre Arbeit verrichtet haben, werden sie entsorgt.

Nach einer Reihe von Funktionstests wurde das neue System erfolgreich zunächst in Tierversuchen erprobt und bestätigt.

Anwendungs-beispiele

Anschließend wurden im Zuge einer Sicherheitsstudie zwölf männliche und weibliche Patienten im Alter von 43 bis 76 Jahren erfolgreich operiert. Dabei benötigte man zum Platzieren der Pumpen in der linken und rechten Herzkammer im Durchschnitt nur 3 min. Nach der Operation erholten sich die Patienten wesentlich schneller als bei Eingriffen mit einer Herz-Lungen-Maschine. Die mittlere Verweildauer auf der Intensivstation betrug lediglich drei bis vier Tage, nach etwa 12 Tagen konnten die Patienten das Krankenhaus verlassen. Die Miniaturisierung in der Antriebstechnik, die das Impella-System ermöglichte, trägt damit zu einer schonenderen Patientenbehandlung, kürzeren Rekonvaleszenzzeiten und somit zur Kostensenkung im Gesundheitswesen bei. Denkbar ist beispielsweise auch der mobile Einsatz des intrakorporalen Pumpsystems im Notarztwagen.

8.3 Blutzuckermessgerät

Kleinantriebe erleichtern heute auch den Alltag anderer Patientengruppen. Dank der Fortschritte in Biochemie und kompakter Bauweise können mittlerweile Geräte zu Hause oder sogar unterwegs genutzt werden, die früher nur in Arztpraxen zur Verfügung standen. Ein gutes Beispiel dafür ist das mobile Blutzuckermessgerät. Wie immer bei Geräten der Medizintechnik und vor allem bei solchen, die von Laien bedient werden, ist Sicherheit und Zuverlässigkeit gefragt. Das speziell entwickelte, kompakte und sehr handliche Messgerät enthält eine Trommel mit 17 Messstreifen. Da manche Patienten bis zu sechs Mal am Tag den Blutzuckerspiegel bestimmen müssen, ist dies eine deutliche Erleichterung.

Auch hier konnte in Zusammenarbeit von Geräteentwickler und Kleinmotorenspezialist eine optimale Antriebslösung gefunden werden. Die geringen Abmessungen erforderten einiges an feinwerktechnischem Know-how (Bild 3). Die gefundene Lösung basiert auf zwei Miniaturantrieben mit Getrieben und Sensorik. Dabei arbeitet einer der Motoren als Positionierantrieb für die Vorratstrommel. Auf Tastendruck transportiert er die Trommel jeweils eine 1/17 Umdrehung bis zum nächsten Messstreifen weiter. Motor Nummer zwei ist für die translatorische Bewegung zuständig, sprich, er bringt den Messstreifen dann in Messposition. Hier ist nicht nur Positioniergenauigkeit, sondern auch ein guter Gleichlauf gefragt. Die Sensorik und Steuerung der Antriebe ist Platz sparend auf einem

Anwendungsbeispiele

*Bild 3:
Antriebsmodul für
Blutzuckermessgerät*

Flexboard untergebracht. Dank Miniaturisierung und modernen Kunststoffwerkstoffen ist das „handygroße" Gerät leicht und robust; es verkraftet auch mal einen Fall aus 1 m Höhe.

8.4 Scharfer Durchblick

Ein neuartiges Mikroskop revolutioniert die Arbeit an feinsten Strukturen; es wird wie eine Brille getragen (Bild 4). Kleinste Schrittmotoren steuern Vergrößerung und Schärfe für jedes Auge. Ein kristallklarer 3D-Blick erlaubt z.B. ermüdungsfreie Operationen an kleinsten Gefäßen ebenso wie die Untersuchung oder Montage von Mikrostrukturen. Stufenlose Zoomfunktion, automatische Scharfstellung und Parallaxenausgleich der Mikroskopbrillen erfordern eine komplexe Mechanik zur Verstellung der Optik.

In der Grundversion als Varioscope AF3 kann sich der Betrachter in einem Arbeitsabstand von 300 bis 600 mm frei bewegen. Die mit dem Fuß zu bedienende Zoomfunktion stellt stufenlos eine Vergrößerung von 3,6 bis 7,2 ein. Das Sichtfeld beträgt dabei 30 bis 144 mm, der variable Pupillenabstand erlaubt die individuelle Einstellung auf den jeweiligen Benutzer.

Möglich wird diese komplexe und dennoch tragbare Ausstattung durch den Einsatz moderner Kleinstschrittmotoren. Im Gegensatz zu Gleichstrommotoren bewegen sich Schrittmotoren pro Impuls ja

Anwendungsbeispiele

immer um einen konstruktiv festgelegten Drehwinkel weiter; die ausgegebene Anzahl an Digitalimpulsen entspricht also immer einer definierten Drehbewegung. Auf zusätzliche Weg- oder Winkelsensoren kann man daher verzichten. Der Antrieb baut kleiner und leich-

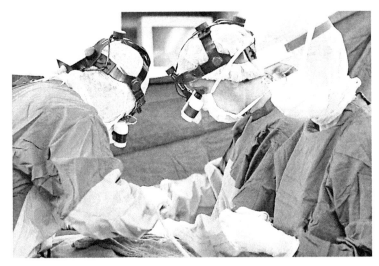

Bild 4:
Varioscope in der Anwendung, ermüdungsfreier Durchblick dank Mikrotechnik

ter, die Steuerung wird einfacher. Das Varioscope-Mikroskop benötigt pro Auge jeweils zwei Motoren, einer mit 10 mm Durchmesser für die Fokuseinstellung und ein zweiter mit 8 mm Durchmesser für den Zoom. Der Fokusantrieb arbeitet praktisch ständig, da er jede Kopfbewegung kompensieren muss.

Optische Systeme in dieser Größe sind Präzisionsinstrumente und stellen besonders hohe Ansprüche an die absolute Genauigkeit der Positionierung. Das Problem der Spielungenauigkeiten der Mechanik wurde durch den Einsatz einer Spindel mit feinster Verzahnung gelöst. Mit 0,2 mm Steigung erlaubt sie in Verbindung mit den eingebauten Motoren eine Auflösung von beachtlichen 10 µm (Bild 5a,b). Sowohl Fokus als auch Zoom werden bei hoher Auflösung absolut spiel- und ruckfrei eingestellt. Um dies zu erreichen sind die Spindelwellen noch zusätzlich feinpoliert.

Bild 5a:
Damit Fokus und Zoom spiel- und ruckfrei eingestellt werden können, wurden die Spindelwellen zusätzlich feinpoliert.

8.5 Präzise positioniert

Anwendungsbeispiele

Bild 5b:
Die Verstellmechanik, Präzision in kleinstem Bauvolumen durch den Einsatz einer Spindel mit feinster Verzahnung. Mit 0,2 mm Steigung erlaubt sie in Verbindung mit den eingebauten Motoren eine Auflösung von beachtlichen 10 µm

Genauigkeit ist beim Einsetzen von Implantaten in der Wirbelsäulenchirurgie von höchster Bedeutung, da vorwiegend im Umfeld von Nervenwurzeln und dem Rückenmark gearbeitet wird. Bei der Wirbelsäulenfusion handelt es sich um eine chirurgische Intervention, beispielsweise zum Begradigen des Rückgrats. Eingegriffen wird auch, um eine geschwächte oder beschädigte Wirbelsäule zu stützen oder um Schmerzen durch eingeklemmte oder abgenützte Nerven entgegen zu wirken oder zu lindern. Obwohl bei Wirbelsäulenfusionen bemerkenswert hohe Erfolgsraten erzielt werden, ist doch die Häufigkeit der Fälle alarmierend hoch, in denen es zu Fehlplatzierungen der Implantate kommt. Manchen Quellen zufolge treten diese sogar bei bis zu 25 % der skoliosisbezogenen Eingriffe auf. Abhilfe schafft hier ein Hexapodenroboter mit Mikroantrieben:

Der SpineAssist-Roboter

Für die Chirugie bestimmt ist der SpineAssist-Roboter. Seine besonders kleinen Abmessungen, die Tatsache, dass keine direkte Sicht benötigt wird sowie die hohe Präzision der Methode erleichtern den chirurgischen Eingriff und minimieren das Risiko einer Fehlplatzierung von Schrauben. Bei dieser Methode wird der Roboter

Anwendungsbeispiele

starr am Patienten fixiert, damit ist kein System zur Koordinatenverfolgung nötig.

Der Miniatur-Hexapod-Roboter hat bei einem Gewicht von 250 g einen Durchmesser von nur 50 mm und eine Höhe von 80 mm (Bild 6). Das entspricht in etwa der Größe einer Getränkedose. Sein Arbeitsvolumen beträgt mehrere Kubikzentimeter und hängt von dem jeweils verwendeten Führungsarm ab. Genauigkeit

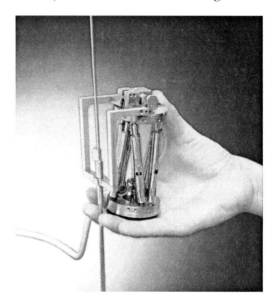

Bild 6:
Hexapoden übernehmen in unterschiedlichsten Einsatzbereichen hochgenaue Positionieraufgaben

und Präzision des Gesamtsystems liegen unter 100 µm bzw. 10 µm, wobei die Genauigkeit der Bewegungssteuerung 10 µm beträgt. Unter Berücksichtigung menschlicher Einflussnahme und möglicher Bildverzerrungen der CT- und fluoroskopischen Bildgebung liegt die Genauigkeit des Systems bei der Implantatplatzierung im Vergleich zum präoperativen Plan bei unter 1,5 mm.

Basierend auf einer Konstruktion hochpräziser Miniatur-Spindeln treiben sechs bürstenlose smoovy DC-Getriebemotoren mit speziell angepasster elektronischer Getriebesteuerung die Linearaktuatoren an. Sieben LVDT-Sensoren messen die Wegstrecken präzise: ein Sensor für jeden Aktuator sowie ein zusätzlicher Sensor zur Überwachung der Leistung der sechs Sensoren. Eine der größten Herausforderungen in Bezug auf die Konzeption der Bauweise des Hexapod ist seine geringe Größe (Bild 7), wobei der wichtigste Aspekt in diesem Zusammenhang die Auswahl des für diese

Anwendung entsprechenden Miniaturantriebssystems war. Der smoovy DC-Servomotor mit 5 mm Durchmesser erwies sich als ausgezeichnete Lösung im Hinblick auf das erforderliche Drehmoment und der nötigen Geschwindigkeit. Die allgemein hohen Toleranzen für diese kleinen Abmessungen, die Präzision der spezifischen M2.5-Gewindespindel sowie die hochpräzisen Aktuator-Kugelgelenke machen die Herstellung des Hexapod zu einer wahren Herausforderung.

Bild 7:
Der Miniatur-Hexapod-Roboter hat bei einem Gewicht von 250 g einen Durchmesser von nur 50 mm und eine Höhe von 80 mm.

8.6 Mikrostellantriebe

Heutige Mikromechanik erlaubt mit Mikroantrieben bewährte Strukturen der „großen" Welt in den Miniaturmaßstab zu übertragen. Um in der Mikrotechnik präzise zu positionieren, sind auch hier spezielle Bauteile nötig. Ein Mikrostellzylinder (Bild 8) als Baukastensystem ist derzeit in der Entwicklung. Faulhaber stellte für die Linearversteller Getriebemotoren mit Durchmessern von 1,9 mm bis 8 mm zur Verfügung. Im Rahmen des Projektes wurden komplette Antriebe bzw. Komponenten neu entwickelt bzw. modifiziert. So kann man zwischen Verstellelementen mit schneller Positionierung oder solchen mit großer Kraft wählen. Die in herkömmlichem Design als

Anwendungsbeispiele

Verstellzylinder aufgebauten Aktoren erlauben dabei die optimale Auslegung des Positioniersystems passend zum Einsatzfall. Der Verstellbereich liegt je nach Ausführung zwischen 10 und 30 mm. Zusätzlich sollen sie mit Druckzylindern austauschbar sein, damit die miniaturisierten Linearversteller auch für Druckluftsysteme angeboten werden können. Daher wurden die Außendurchmesser auf 2, 4, 6 und 8 mm festgelegt. Die jeweilige Position des Stellzylinders

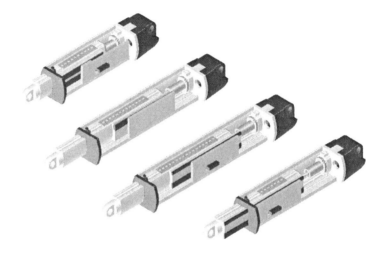

Bild 8:
Mikrostellzylinder sorgen für exakte Positionierung bei Miniaturanwendungen

wird dabei über einen Lineargeber mit 5 µm Auflösung gemessen und die Rückmeldung im Controller rechnerisch verarbeitet.

Die miniaturisierten Linearversteller sollen Verstellkräfte von 5 N bis 50 N erzeugen. Die geforderte maximale Verstellgeschwindigkeit liegt zwischen 10 mm/s und 40 mm/s. Diese Anforderungen können bei der Verwendung von Rotationsantrieben nur durch Motor-Getriebe-Kombinationen erfüllt werden. Auch ist es nicht möglich, die maximalen Anforderungen von Verstellkraft und Verstellgeschwindigkeit an eine Baugröße mit nur einer Getriebeübersetzung zu erfüllen. Das bedeutet, dass in einer Baugröße verschiedene Motor-Getriebe-Kombinationen verwendet werden. Antriebsmotoren für die Linearversteller erfordern eine hohe Leistungsdichte, die bei Permanentmagnetmotoren mit Luftspaltwicklung gegeben ist. Für den Einsatz in Industrieanlagen ist eine lange Lebensdauer notwendig. Diese ist nur mit bürstenlos kommutierten Motoren zu erzielen.

Anwendungsbeispiele

8.7 Mikromotoren bringen Leiterplattenbestückung in Schwung

Um Elektronikfertigern weltweit eine noch wirtschaftlichere Lösung für die Platinenbestückung bieten zu können, hat Siemens die SIPLACE-X-Serie entwickelt. Neben einer Bestückleistung von bis zu 20.000 Bauelementen pro Stunde und einem Bauelemente-Spektrum von 01005-Bauelementen bis 6 x 6 mm wurde besonderer Wert auf schnellste Umrüstung gelegt. Wie bei allen mechanisch anspruchsvollen Automaten spielte auch hier die Antriebsfrage eine besonders wichtige Rolle.

Ein Bestückautomat besteht aus unabhängigen Komponenten, die alle reibungslos zusammenarbeiten müssen. Ein an einem beweglichen Portal angebrachter Bestückkopf sammelt die Bauelemente am Förderer (Zuführmodul) ein und fährt dann an die Bestückposition der Leiterplatte, um die Bauteile exakt zu bestücken. Der Collect&Place-Bestückkopf mit 20-Segmenten als Herz des Automaten stellte hohe Ansprüche an die Konstrukteure. Zum einen ist er ein sehr dynamisch bewegtes Bauteil und sollte daher sehr leicht aufgebaut sein, also ohne große Massenträgheit. Zum anderen soll er möglichst viele Bauteile auf einmal aufnehmen können.

Der Kopf kann über Pipetten die Bauteile ansaugen und fixieren. Die so fest mit der Pipette verbundenen Bauteile nimmt eine Kamera auf, vergleicht die Lage mit der Sollposition und gibt an einen mit der Pipette verbundenen Minimotor den Befehl für die Drehung in die richtige Position. Im 20-Segment-C&P-Kopf sind nun 20 Pipetten mit je einem Motor in einem Stern zusammengefasst. Der Kopf selbst ist leicht konisch, um für die Bauteile möglichst viel Raum zu bekommen (Bild 9). Daher wird der Platz im oberen Kopfteil für die Motoren knapp, die die Saugpipetten mit den Bauteilen ausrichten. Nur ein spezielles Design und exakte Anpassung an den zur Verfügung stehenden Raum kann hier eine kompakte, massearme Lösung bringen.

Die 20 bürstenlosen EC-Motoren wurden daher selbst leicht konisch aufgebaut mit einem Durchmesser von nur 8 bis 9 mm inklusive Positionssensor. Als EC-Motoren sind sie für die Positionieraufgabe unter Dauerlaufbedingung besonders geeignet, benötigen aber eine sehr gute Ansteuerung. Die Steuerelektronik der Motoren ist in die Steuerungsplatine der anderen Bauteile integriert

Anwendungsbeispiele

Bild 9:
Kompakt gebauter 20-Segment-Collect& Place-Bestückkopf. Die konische Anordnung der Pipetten und Positioniermotoren bringt Raum für die Bauteile

und nimmt so erheblich weniger Platz in Anspruch. Bauraum und Masse sinken, die Bestückleistung steigt.

Um der Leistungsfähigkeit des 20-Segment-C&P-Kopfes zu entsprechen, muss auch die Bauteilezuführung sehr präzise sein. Bisheriger Standard für die Zuführung waren Förderer ab 30 mm Breite, die ein, zwei oder drei Gurte aufnehmen konnten (Standardgurtbreiten sind 8, 12,16, bis 88 mm Breite). Günstigerweise sollten also auf den ca. 30 mm der heutigen Triple-Feeder drei voneinander unabhängige Förderer untergebracht werden. Bei den Antrieben konnte man bisher verhältnismäßig „große" Kleinmotoren mit 15 mm Durchmesser einsetzen: zwei nebeneinander und den dritten nach hinten versetzt darüber.

Die neuen Motoren im X-Feeder durften aber maximal noch ca. 10 mm im Durchmesser betragen. Diese neuen Motoren erreichen dank spezieller Hochenergiemagnete eine Leistung wie herkömmliche 20 ... 25 mm Motoren. Berücksichtigt man dabei noch die Tatsache, dass die Leistung bei Motoren normalerweise mit dem Quadrat des Durchmessers ab- bzw. zunimmt, wird die Konstrukteursleistung erst richtig deutlich. Gleichzeitig muss das Antriebssystem aber auch den Zug am Gurt sicher abfangen (Bild 10). Standardmäßig sind das zweistellige Newton-Werte, also umgangssprachlich einige kg, danach reißt die Perforation der Gurte. Diese für Kleinantriebe ungewöhnliche Vorgabe erfüllte der Motorenhersteller durch den Einsatz von zwei Motoren je Gurttransport. Die versetzt angeordneten Motoren arbeiten auf eine gemeinsame Schraubradwelle, die wiederum das Zahnrad für den Gurttransport antreibt. Durch diesen Kunstgriff ist sowohl der Drehmomentverlauf bis in den Sicherheitsbereich wie auch die nötige Dynamik sichergestellt. Der X-Feederantrieb erlaubt daher eine sichere Positionierung auf +/-25 µm bei Taktzeiten von weniger als 40 ms.

Anwendungsbeispiele

Bild 10:
Leichter Wechsel einzelner Förderer bei Umrüstungen dank kompakter Mikroantriebe mit hoher Leistung
(Links: Detailansicht)

Anwendungsbeispiele

9 Stichwortverzeichnis

3
3D-CAD, 97

A
Absolutwertgeber, 57, 60
Abtastrate, 80
Abwälzfräsverfahren, 109
Anker, 21, 41
Ankerrückwirkung, 41, 43
Ankerwicklung, 39
Ansteuerelektronik, 70, 108, 101
Antriebsregelung, 72
Außenläufermotor, 51

B
Bestückautomat, 127
BLDC-Motor, 26
Blechung, 102
Blockkommutierung, 27, 61, 76
Blutzuckermessgerät, 120
Bremsbetrieb, 69, 82
Brückenschaltung, 71
Bürsten, 22, 23, 24, 43, 47
Bürstenloser DC-Motor, 26, 48, 49
Bürstenloser Gleichstromtacho, 61
Bürstenloser Motor, 78, 75, 126
Bypass-Operation, 118

C
CAN-Bus, 82
Ceramic-Injection-Moulding, 106
Chip on Board, 107
Circular Spline, 93
CMOS-Technologie, 106
Collect&Place, 127
Cyclogetriebe, 95

D
DC-Glockenankermotor, 50
DC-Motor, 12, 43, 78
Dickschichttechnik, 107
Digitaler Signalprozessor, 79, 89, 106
Dimensionierung von Antrieben, 15
Drehgeber, 57
Drehmoment, 18, 49, 85, 87, 99

Drehmomentenwelligkeit, 43, 76, 79
Drehstrom-Synchronmotor, 71, 100
Drehzahl, 56, 57, 62
Drehzahlistwert, 77, 78, 79
Drehzahlprofile, 82
Drehzahlregelung, 61, 66, 77 ... 83
Dreifach-Halbbrückenschaltung, 71
Dreiphasenschaltung, 72, 75
Drucksensor, 119
DSP, 79, 89, 106
Dynamo, 53

E
EC-Motor, 26, 47, 50, 71, 75, 100, 127
Edelmetallbürsten, 25
Ein-Quadrantenbetrieb, 69
Eisenbehafteter Rotor, 39
Eisenloser Anker, 12, 44, 46
Eisenverlust, 39, 45, 50
Elektrodynamisches Wirkprinzip, 99
Elektromagnetische Störung, 24
Elektronische Kommutierung, 26
Elektrostatische Antriebe, 34
EMV-Störung, 24, 27, 43
Encoder, 78, 79
Endprüfung, 114, 115
Erwärmung, 18, 20
Exzentergetriebe, 95

F
Federelemente, 113
Field Orientated Control, 62
Finite Elemente, 97
Flachläufermotor, 46, 51
Flexboard, 121
Flexspline, 93
Flip-Chip, 107
FOC-Methode, 63
FR4, 108
Fügeverfahren, 112, 113
Funkentstörung, 24, 27, 43

Stichwortverzeichnis

G

Gegen-EMK, 62, 76
Geräusch, 79, 87, 115
Getakteten Regelung, 74
Getriebe, 85, 89, 101
Getriebespiel, 85
Gleichlauf, 77, 120
Gleichspannungstachogeneratoren, 61
Gleitkeilgetriebe, 92
Gleitlager, 86, 100
Gleitreibung, 95
Glockenankermotor, 21, 25, 45

H

Halbbrückenschaltung, 70
Hallsensor, 55, 56, 58, 59, 75, 79, 106
Haltemoment, 28
Harmonic-Drive-Getriebe, 92, 93
H-Brücke, 71
Herz-Lungen-Maschine, 118, 120
Hexapod, 124, 125
Hochleistungsmagnetwerkstoff, 102
Hohlläufer, 45
Hohlrad, 87, 88, 105
Hybride Mikroantriebe, 105
Hybridgetriebe, 91
Hybridschrittmotor, 27, 29
Hystereseverluste, 29

I

I x R-Kompensation, 78
Impella-System, 118, 119
Induzierte Gegenspannung, 65
INFORM-Methode, 64
Inkrementale Wegaufnehmer, 57
Innenläufer, 41
Innenverzahnung, 87
Integration, 108
Istwertsignal, 80

J

Joulescher Effekt, 34

K

Kalmanfilter, 62
Kapillarkräfte, 98
Kaskadenstruktur, 81
Kegelradgetriebe, 93, 94
Klauenpolläufer, 52

Kleben, 102, 112, 113
Kleingetriebe, 85, 89
Kohlebürsten, 25
Kommutator-Motoren, 38
Kommutierung, 22, 23, 71, 78
Komplexität, 101 ... 103, 104, 107, 109
Kosteneffizienz, 101
Kraftfluss, 89
Kraftverteilung, 90
Kugellager, 86
Kunststoffzahnräder, 89, 90, 113
Kurvenscheiben, 95

L

Lageerkennung, 119
Lageregler, 81
Laserschweißen, 112
Lebensdauer, 16 ... 18, 93, 94, 99, 101
Leistung, 85, 88, 89, 101
Leiterplatte, 127
Lichtbogen, 24
LIGA-Technik, 105, 109, 112
Linearaktuator, 124
Lineare Regelung, 69, 72, 75
Linearversteller, 125, 126
Lithographie, 99, 105, 109
Luftspalt, 41
LVDT-Sensoren, 124

M

Magnete, 15, 103
Magnetischer Drehgeber, 58, 59
Magnetisiervorrichtung, 103
Magnetostriktive Antriebe, 34
Mechanischer Kommutator, 21, 47
Medizintechnik, 120
Metall-Injection-Moulding, 106
Mikrobauteile, 105
Mikrogetriebe, 111
Mikromontage, 111, 113
Mikroskop, 121
Mikrospritzguss, 106, 110
Mikrospulen, 98
Mikrostellzylinder, 125
Mikrosystemtechnik, 35
Mikrotechnische Fertigung, 105, 106
Miniaturkugellager, 49
Minipumpen, 118
Monolithische Mikrosysteme, 99, 105

Stichwortverzeichnis

Montage, 103, 106, 113
Motion Controller, 82
Motorregelung, 74

N

Nanopositionierung, 31
Neodym-Eisen-Bor-Magnet, 102, 103
Nickeleisen, 102
Nutenankermotor, 21, 39

O

Oberflächenkräfte, 98
Open flux integration, 62
Opferschichttechnik, 100
Optischer Drehgeber, 58

P

Passungen, 97 , 110, 112
Pennymotor, 51, 110
Permanentmagnet, 100, 102
Permanentmagnetmotor, 21, 27, 28
Phasenverschiebung, 63
Pick & Place-Technik, 111
Piezomotor, 30, 31, 33, 100
PI-Regler, 81
Planetengetriebe, 85, 87, 88, 89, 113
Polyamid, 90
Positionsregelung, 81, 82, 93, 120, 126
Presspassung, 110, 112
Pulsweitenregelung, 27, 63, 69, 73, 75, 78, 80, 81
PWM, 27, 63, 69, 73, 75, 78, 80, 81

Q

Quadraturencoder, 82

R

Rastmoment, 28, 47
Regelkreis, 106
Regelungsalgorithmen, 80
Reluktanzmotor, 27, 28
Rippel, 81
Rotationssymmetrischer Aufbau, 46
Rotor, 11, 21, 63
Rotorlagenerfassung, 55, 64, 101, 104
Rotorträgheitsmoment, 45
Rotorwinkel, 63, 65
RS232-Schnittstelle, 82

S

Sandwich-Bauweise, 111
Schaltregler, 73
Scheibenläufermotor, 51
Schenkel, 39, 41, 52
Schleifring, 118
Schmierung, 87, 102
Schneckengetriebe, 94, 95
Schrittmotor, 27, 28, 30, 122
Selbsthaltemoment, 28, 95
Selbsthemmung, 94, 95
Selbsttragende Spulen, 119
Sensorlose Drehzahlerfassung, 62
Sensorlose Kommutierung, 79
Serienprüfung, 114
Servofunktionen, 104
Simulation, 18, 97
SINCOS-Methode, 67
Sinterlager, 49
Sinus-/Cosinussignale, 59, 79
Sinuskommutierung, 61, 74, 79, 81, 82
Sliding mode observer, 64
Solaranwendungen, 25
Sonnenrad, 87, 88
Spielarmes Getriebe, 87
Spielpassung, 110
SpineAssist-Roboter, 123
Spuleninduktivität, 64
Starr-Flex-Systeme, 107, 110
Stator, 11
Stirnradgetriebe, 85, 86, 105
Störabstrahlung, 43
Strangzahl, 38, 39
Strombegrenzung, 82
Synchronansteuerung, 77
Synchronmotor, 102

T

Tachogeneratoren, 61
T-Anker, 21, 41, 42
Tastverhältnis, 73
Terfenol-D, 34
Thermische Zerstörung, 16
Thermische Zeitkonstanten, 98
Thermischer Schutz, 82
Torsionssteifigkeit, 85
Trägheitsmoment, 50, 52
Trommelanker, 43

Stichwortverzeichnis

U

Überlastbarkeit, 40
Ultraschallkatheter, 117, 118
Ultraschallmotor, 31
Ummagnetisierungsverluste, 39

V

Vektororientierte Steuerung, 62
Verschleiß, 95
Verstellkraft, 126
Verstellzylinder, 126
Verzahnungsgeometrie, 89
Vibrationen, 115
Vierquadrantenbetrieb, 69, 74
Vollbrückenschaltung, 71

W

Wanderwellenmotor, 32
Wave Generator, 93
Wechselspannungsgenerator, 61
Wickelkopf, 44
Wickeltechnik , 26, 38, 110
Winkelauflösung, 60
Wirbelstromverluste, 29, 39, 103
Wirkungsgrad, 63, 86, 91, 95, 101
Wolfromgetriebe, 91

Z

Zahnräder, 86, 87, 90
Zwei-Quadrantenbetrieb, 69, 71
Zwischenläufer, 45, 47, 51

Mosaik der Automatisierung
Inhaltlich hochwertige Sponsored Books

Die Autoren des Redaktionsbüro Stutensee (rbs) setzen Wissen kompetenter Firmen in Fachbücher um. Aus einzelnen „Mosaiksteinen" entsteht so sukzessiv die inhaltlich hochwertige und dank Sponsorings für jeden bezahlbare Fachbuchreihe „Mosaik der Automatisierung".

Sind auch Sie auf einem technischen Gebiet führend? Möchten Sie Wissen über Anwendung oder technologisches Umfeld Ihrer Produkte an (potentielle) Kunden weitergeben und so langfristige Beziehungen zu (zukünftigen) Fachleuten aufbauen? Dann sind Sie vielleicht ein passender Partner für ein solches Buch.

rbs Redaktionsbüro Stutensee
Dietrich und Alexander Homburg GbR

Am Hasenbiel 13-15
D-76297 Stutensee

Telefon: +49 7244-73969-0
Telefax: +49 7244-73969-9
E-Mail: kontakt@rbsonline.de

Bislang erschienen im PKS-Verlag

 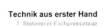    

Mosaik der Automatisierung Band 1
Weg- und Winkelmessung – absolute Messverfahren

Dietrich Homburg, Ellen-Christine Reiff
Paperback, 88 Seiten,
Format: 17 cm x 22 cm
PKS-Verlag, ISBN 3-936200-10-6
Preis: 7,50 Euro

Technik aus erster Hand (Band 1)
7. Stutenseer Fachpressetage

Hrsg.: Alex Homburg
Paperback, 216 Seiten,
Format: 17 cm x 22 cm
PKS-Verlag, ISBN 3-936200-02-5
Preis: 20,90 Euro

Technik aus erster Hand (Band 2)
8. Stutenseer Fachpressetage

Hrsg.: Dietrich Homburg
Paperback, 124 Seiten,
Format: 17 cm x 22 cm
PKS-Verlag, ISBN 3-936200-01-7
Preis: 14,90 Euro

Technik aus erster Hand (Band 3)
Fachpressetage automotiv & automation

Hrsg.: Dietrich Homburg
Paperback, 184 Seiten,
Format: 17 cm x 22 cm
PKS-Verlag, ISBN 3-936200-00-9
Preis: 19,90 Euro